油用牡丹安全高效生产技术

谢甫绨　沈向群　于德红　编著

中国农业出版社

图书在版编目（CIP）数据

油用牡丹安全高效生产技术／谢甫绨，沈向群，于
德红编著. —北京：中国农业出版社，2017.11（2018.10 重印）
ISBN 978-7-109-23596-0

Ⅰ.①油… Ⅱ.①谢… ②沈… ③于… Ⅲ.①牡丹—
油料作物—栽培技术 Ⅳ.①S685.119.9

中国版本图书馆 CIP 数据核字（2017）第 286991 号

中国农业出版社出版
（北京市朝阳区麦子店街 18 号楼）
（邮政编码 100125）
责任编辑 郭银巧

中国农业出版社印刷厂印刷　　新华书店北京发行所发行
2017 年 11 月第 1 版　　2018 年 10 月北京第 2 次印刷

开本：880mm×1230mm　1/32　印张：2.625　插页：14
字数：57 千字
定价：33.00 元
（凡本版图书出现印刷、装订错误，请向出版社发行部调换）

我国观赏牡丹的栽培历史源远流长，早在唐代刘禹锡有诗曰："唯有牡丹真国色，花开时节动京城。"牡丹花色艳丽，富丽堂皇，花大而香，素有"花中之王"的美誉，更又有"国色天香"之称。中华人民共和国成立后，牡丹种植业得到快速恢复和发展，尤其是改革开放以来，各地牡丹的栽培数量、栽培技术水平逐年提高，牡丹产品的研发能力不断增强。2011年3月卫生部监督局根据《食品安全法》的规定，经新资源食品评审专家委员会审核，批准牡丹籽油等为新资源食品，从此，油用牡丹产业开发提上议事日程。2015年1月13日国务院办公厅印发《关于加快木本油料产业发展的意见》（国办发〔2014〕68号），部署加快国家木本油料产业的发展。文件中重点提及油用牡丹产业的发展。此后，山东、甘肃、陕西、山西、河南、河北、湖北、安徽、四川、重庆等地政府部门相继发布了地方关于扶植油用牡丹产业发展的政策文件。近年来，油用牡丹产业发展日新月异，受到政府、企业和种植农户的广泛关注。为了加快油用牡丹产业的健康发展，提高油用牡丹的栽培技术水平，由沈阳农业大学谢甫绨教授、沈向群教授和沈阳金诚科技有限公司于德红编写了此书。本书包含：油用牡丹的生物学特性、新品种选育、育苗技术、高产高效栽培技术、病虫害防治、组织培养、产业发展前景等七方面内容，可供油用牡丹研发企业、种植户和广大花卉爱好者阅读、参考。由于时间匆促、水平有限，如有错误之处，敬请读者指教。

编著者

2017 年 10 月

目录

前言

第一章　油用牡丹的
生物学特性

第一节　概　　述

　　牡丹（*Paeonia suffruticosa* Andrews）为双子叶植物纲、芍药属、毛茛科植物，多年生落叶小灌木。牡丹花大而香，故又有"国色天香"之称。在栽培类型中，根据花的颜色，可分成上百个品种，观赏牡丹中以黄、绿、肉红、深红、银红为上品，尤其黄、绿为贵。油用牡丹是牡丹的一个类型，它以榨油为主，兼顾观赏。目前，用于商业生产的油用牡丹，主要是凤丹牡丹和紫斑牡丹两个品种生态型。紫斑牡丹多种植于甘肃、四川、云南北部，而凤丹牡丹则多种植于陕西，山东省菏泽、聊城，河南洛阳，安徽省亳州市、铜陵市等地。

　　2004 年"牡丹籽油之父"赵孝庆首次发现牡丹籽油，并于 2011 年制定出第一个牡丹籽油企业标准，同年卫生部监督局根据《食品安全法》的规定，经新资源食品评审专家委员会审核，公开批准牡丹籽油为新资源食品，牡丹籽油正式成为我国食用油中的一员，牡丹籽油的开发从此拉开序幕。

　　赵孝庆经过对各类牡丹品种多年严格筛选检测，最终在 1 500 多个牡丹品种中发现凤丹和紫斑两个单瓣型牡丹可用于牡丹油的产业开发。原国家林业局副局长李育材通过几十年深入调查分析，从国家政策、资金扶植等多角度大力倡导、推动了油用牡丹产业的发展。

油用牡丹是一种新兴的我国特有的木本油料作物，具备以下突出特点：

（1）籽粒产量和种植效益高。盛产期植株，每公顷可产籽粒 4 500 千克，比主要油料作物大豆高产。同时，每公顷还可产 750 千克左右干花粉和大量的牡丹分蘖芽、牡丹花瓣，附加值高，经济效益远远高于大豆和其他经济作物。

（2）含油率高。籽粒含油率高达 22%，也高于大豆的含油量（20%）。

（3）油品质好。不饱和脂肪酸含量高达 92%，其中 α-亚麻酸占 42%，是橄榄油的 40 倍，且多项指标超过橄榄油。

（4）油用牡丹耐旱耐贫瘠，适合荒山绿化造林、林下种植，而且一年种植可收益 40 年左右，生产成本低。

（5）种植油用牡丹生态效益明显，兼顾观赏价值，在我国精准扶贫和新农村建设中意义重大。

第二节　油用牡丹的生物学特性

一、凤丹牡丹的生物学特性

凤丹牡丹起源于安徽省铜陵凤凰山，因此称为凤丹，又名铜陵牡丹、铜陵凤丹，在安徽铜陵牡丹栽培历史悠久，距今已有 1 600 多年的历史。凤丹牡丹属牡丹的江南品种生态型群，花以白色居多，还有紫红、粉红等不同颜色，分别被称为"凤丹白""凤丹紫""凤丹粉"等。安徽省铜陵凤凰山地区位于长江南岸，属亚热带湿润气候，四季分明，雨量充沛，无霜期较长，光照充足，土质为红壤性麻沙土。因此凤丹牡丹的耐热性较好，耐寒能力较弱。凤丹牡丹的根皮（丹皮）有解热、镇痛、抗过敏、消炎等药用价值，素与白芍、菊花、茯苓并称为安徽四大名药，亦是中国 34 种名贵药材之一。牡丹的花瓣可做牡丹茶、牡丹饼，提取精油等。牡丹种子具有很高的油用价值，尤其凤丹牡丹籽油中的亚麻酸高于市场上的各种食用油，是油用牡丹的主要栽培品种。

凤丹牡丹为落叶灌木，茎高达 2 米，分枝短而粗。叶通常为二回三出复叶，顶生小叶宽卵形，表面绿色，无毛，背面淡绿色，有时具白粉，沿叶脉疏生短茸毛或近无毛，小叶柄长 1.2～3.0 厘米。侧生小叶狭卵形或长圆状卵形，长 4.5～6.5厘米，宽 2.5～4.0 厘米，不等 2 裂至 3 浅裂或不裂，近无柄；叶柄长 5～11 厘米，和叶轴均无毛。花单生枝顶，苞片 5，长椭圆形，大小不等；萼片 5，绿色，宽卵形，大小不等；花瓣5，或为重瓣，白色，倒卵形，顶端呈不规则的波状；花丝上部白色，花药长圆形，花盘革质，杯状，紫红色；心皮 5，密生柔毛。菁葖长圆形，密生黄褐色硬毛。凤丹牡丹一般 4～5月开花，8～9 月果实成熟。

凤丹牡丹与其他牡丹的典型区别：植株比较高大、挺直，年生长量较大，1 年生枝长可达 50 厘米，大型长叶，叶面呈长椭圆形至长卵状披针形；花朵以单瓣为主，少数花瓣略有增多，呈荷花形。

二、紫斑牡丹的生物学特性

中国的栽培牡丹至少可划分为中原、西北、江南和西南等四大品种群，其中西北牡丹品种群，即紫斑牡丹品种群是仅次于中原牡丹品种群的第二大品种群。

紫斑牡丹［*Paeonia suffruticosa* var. *papaveracea*（Andr.）Kerner］原产于甘肃高寒地区，在海拔 1 100～3 200 米

的高山上至今仍有少量残存植株生长。这些地区冬季最低温一般都在零下30℃，部分地区达到零下38℃，年降水量650～950毫米，因此紫斑牡丹具有较强的抗寒和耐旱能力，是中国牡丹品种群中一个兼顾耐寒性和耐旱性的品种生态型，与山东菏泽和河南洛阳等中原牡丹有很大区别。

紫斑牡丹以花瓣基部有明显的大块紫斑和紫红斑而得名。它一直是重要的观赏植物和药用植物，并被广泛用于城市园林和风景名胜区种植，可将其布置成规则式或自然式的专类园；也可筑以花台；或置于花境、花带；或丛植；或群植。和凤丹牡丹一样，紫斑牡丹的根皮（丹皮）也是重要的中药材。除此之外，紫斑牡丹还可用于荒山造林，防止水土流失、鲜切花生产和盆栽、种子油用、花粉加工等。

紫斑牡丹为落叶小灌木，植株高大，株高一般在1米以上（部分品种高达3米），株型舒展，分支短而粗、枝条节间距长，生长量大，部分品种当年生枝条可长至70厘米。茎直立，圆柱形，微具棱，无毛。叶通常为二回三出复叶，偶尔近枝顶的叶为3小叶；顶生小叶宽卵形，长7～8厘米，宽5.5～7.0厘米，3裂至中部，裂片不裂或2～3浅裂，表面绿色，无毛，背面淡绿色，有时具白粉，沿叶脉疏生短柔毛或近无毛。小叶柄长1.2～3.0厘米；侧生小叶狭卵形或长圆状卵形，长4.5～6.5厘米，宽2.5～4.0厘米，不等2裂至3浅裂或不裂，近无柄；叶柄长5～11厘米，和叶轴均无毛。花单生枝顶，直径10～17厘米；花梗长4～6厘米；苞片5，长椭圆形，大小不等；萼片5，绿色，宽卵形，大小不等；花瓣5，或为重瓣，玫瑰色、红紫色、粉红色至白色，通常变异很大，倒卵形，长5～8厘米，宽4.2～6.0厘米，顶端呈不规则的波状；雄蕊多数，长1.8～2.5厘米，花药长圆形，黄色，长6～8毫米；花盘革质，鞘状，包被子房，果期开裂成瓣；心皮 5～8 个，子房密被黄色短硬毛，花柱短，柱头扁平；蓇葖果长 2～3.5 厘米，粗约 1.5 厘米，被黄毛，尖端具喙。紫斑牡丹一般 4～5 月开花，8～9 月果实成熟。

紫斑牡丹与其他牡丹的典型区别为：花瓣内面基部有明显的大块紫斑和紫红斑；叶为二至三回羽状复叶，小叶不分裂，稀不等 2～4 浅裂。

第二章 油用牡丹育种

第一节 野生种的引种与传播

中国作为牡丹野生种的唯一产地，也是栽培品种的起源和演化中心，向其他国家直接或间接输出牡丹。黄牡丹和紫牡丹是最早被引种的野生牡丹，在 19 世纪末，传教士 Delavay 将黄牡丹、紫牡丹引到法国，随后又从法国引到英国。1908 年，植物学家 Wilson 也从中国引种紫牡丹至英国。随后大花黄牡丹、矮牡丹、紫斑牡丹、杨山牡丹等多种野生种相继被引入西方，这些引入资源为其育种工作打下了坚实基础。

第二节 国外牡丹杂交育种

法国 Henry 博士用黄牡丹与一种非常常见的牡丹品种（*Paeonia suffruticosa*）进行杂交，培育出了 Mme Louis Henry 的黄色牡丹。在 1900 年前后，Lemoine 通过杂交培育出大量的新品种，被誉为 Lemoine 系。这些杂交育成的品种一方面具有非常纯正的黄色，另一方面还具有中国牡丹花头下垂、高度重瓣等特征，后来传到日本和西方发达国家，深得当地人们的喜爱。其中，最受欢迎的是：金晃（Alice Harding）、金阁（Souvenir de Maxine Cornu）、金阳（La Lorraine）、金帝（Lp Esperance）等著名品种。美国 Saunders 教授选用日本栽培品种、紫牡丹以及黄牡丹进行杂交，育成了正午 High Noon、金色年华 Age of Gold、黑海盗 Black Pirate、中国龙 Chinese Dragon 等著名品种。育种家 Nassos Daphnis 在 Saunders 教授的基础上，经过不断回交育种，育出 50 多个牡丹品种。

日本学者伊藤（T. Itoh）于 1948 年利用金晃（Alice Harding）与芍药（Kakoden）进行杂交，育成了花梗笔直、花瓣黄色观赏性极佳的牡丹品种，分别取名为 Yellow Dream、Yellow Crown、Yellow Heaven 和 Yellow Emeror，后来，凡是通过远缘杂交而得到的牡丹品种，均称之为伊藤杂种。

黄牡丹与紫牡丹是杂交利用最广泛的牡丹野生种，以其为亲本的杂交育种工作持续了 200 多年，形成了数量众多的黄牡丹杂种群，目前该杂种群至少登录 475 个品种。

第三节　国内牡丹杂交育种

我国牡丹亚组间远缘杂交要晚于西方国家，但是伴随着我国牡丹育种的快速发展，人们开始重视对野生牡丹资源的挖掘和利用。如，20 世纪 90 年代，甘肃兰州和平牡丹园采用大花黄牡丹与栽培牡丹进行杂交，并获得了杂交种子。目前，我国育种家以黄牡丹、紫牡丹为母本，与中原牡丹、日本牡丹品种杂交育成了 26 个新品种，其中包括"华夏一品黄"——我国第一个黄色牡丹品种。再者，采用黄牡丹与紫斑牡丹栽培品种进行正、反交，还育成了花基部含有紫红斑的杂交新品种。

早在 1966 年，山东菏泽开始了牡丹杂交育种，通过人工杂交，后代选育，终于在 1981 年培育出了墨池争辉、似品红、青龙镇宝和绿幕隐玉。成仿云等在 1996 年通过对菏泽牡丹实行筛选与培育，得到了一种全新的牡丹品种，命名为傲雪。成仿云等从紫斑牡丹传统品种天然杂种中选育，经过嫁接扩繁，观察性状，于2004年命名了3个新品种桃花镶玉、祥云和高原圣火。王莲英于2001年以紫牡丹为母本，紫斑牡丹为父本，通过杂交获得牡丹杂种一代，并且在2004年顺利开花，取名为华夏玫瑰红；王连琪于2002年选取黄牡丹为母本，百神为父本，进行杂交，得到了牡丹杂种一代，并且在2006年顺利开花，取名为华夏一品黄。

2008年有人将墨玉双辉、奇花露霜、手扶银须、金凤和美菊5个芍药品种作母本，以黄牡丹作父本进行杂交，同年发现并鉴定了牡丹芍药远缘天然杂交后代"和谐"。现阶段牡丹与芍药间的杂交成为牡丹杂交育种的主要方向。最近，成仿云等以牡丹高代杂种作父本与芍药杂交，得到杂交种子286粒；以牡丹高代杂种作母本与日本品种群和美国牡丹Golden Era杂交，得到了种子11粒。

成仿云根据生物特性以及原产地将我国自主培育出来的牡丹划分为如下10个品种群：江南牡丹品种群、甘肃紫斑牡丹品种群、中原牡丹品种群、鄂渝牡丹品种群、原紫斑牡丹品种群、天彭牡丹品种群、滇西牡丹品种群、保康牡丹品种群、延安牡丹品种群、凤丹牡丹品种群。

紫斑牡丹（*Paeonia rockii*）是中国牡丹家族中的重要成员之一，其栽培品种形成了仅次于中原牡丹（*Paeonia suffruticosa*）的品种群，不仅花色十分丰富，而且抗性强，适应性广，结实能力强，是进行牡丹品种改良的重要遗传资源。为了科学界定紫斑牡丹的花色，利用色差仪对466个紫斑牡丹单株花色表型值进行测定，并进行数量分类研究。结果表明：可将紫斑牡丹花色分为白色、黄色、浅粉色、粉色、蓝色、红色、紫色和黑色等八大色系。陈德忠经过几十年的培育，从32万多株实生苗中选育出9种花色、7种花型、500多个紫斑牡丹新品种，并且采用甘肃紫斑牡丹品种（群）与中原普通牡丹品种（群）进行了大规模反复杂交，极大地丰富了后代的遗传多样性，为大量选育新品种奠定了基础。

第四节　人工杂交育种技术

一、父本花粉的采集与贮藏

牡丹杂交花粉质量十分关键，花粉要纯，生活力要高。为此，于绽花期至初花期从父本植株上剪取发育良好的花朵，在室内去除叶片、花萼及花瓣，将雄蕊取下放在干净的硫酸纸上，于阴凉通风处自然干燥，再将干燥好的花粉放在塑料袋中，贴上标签备用，待母本开花时进行授粉。如果需要储存花粉，短期内可将干燥好的花粉装在小瓶内放到4℃冰箱备用。在干燥器底部和顶盖要涂上凡士林，器内放干燥剂，隔绝空气，冰箱温度控制在10～14℃、空气相对湿度49％条件下，花粉活力可以维持到30天左右。使用时，要及时取出花粉，授粉完毕立刻放回。

二、母本的人工去雄与套袋

母本去雄的最佳时期是花朵即将开放时。去雄时，要用75％酒精对镊子进行消毒，再用镊子将雄蕊去掉，勿碰伤雌蕊，以免影响正常授粉，去掉雄蕊后，立刻用授粉专用袋套在母本花朵上。母本花朵完成去雄和套袋后，在花枝上挂标牌。标牌上注明标号、父母本、去雄时间等，并做好记录。

三、授粉与授粉后管理

等待母本分泌一定的黏液呈现出发亮状态时授粉最佳。一般而言，适宜授粉时间为上午 9:00～10:00。为了提高授粉成功率，可进行多次授粉，一天 3 次，每次间隔 10 分钟，连续 3 天授粉。授粉时遵循如下步骤：首先是将套袋取下，随后将父本花粉小心翼翼地涂抹在花柱上，每次授粉后应立即封好套袋并挂牌，在标牌上注明授粉日期、父母本名称和授粉次数等，并做好记录。在授粉期间，必须进行定期检查，有效防止套袋开裂或者花朵产生霉变。

四、摘除套袋

母本经过 3 天的授粉受精，一般 7 天之后柱头开始萎蔫、表面黏液硬化，丧失受精能力。这时就可以去除套袋，以免造成雌蕊霉烂。但标牌要一直保留到果实成熟采收。

五、种子的采收和脱粒

当母本果实心皮变为蟹黄色且微裂时，根据成熟程度分批采下果实，摊放在室内较为潮湿之处，确保种子能够顺利成熟。在这期间必须要对果实进行定期翻动，防止果实发热，经过 10～15 天待果实后熟完成后，剥出种子。

六、播种前种子层积处理

用 55℃清水浸泡种子 24 小时，再用 95% 酒精浸泡 30 分钟，促使种皮软化。用湿沙埋藏法处理种子，利用冬季自然低温打破种子上胚轴的休眠。选择地势高，排水良好，背风阴凉的地方，挖深 50～60 厘米、长宽合适的坑；将之前用清水浸泡好的种子与湿沙混合，沙子用 50％的辛硫磷溶液浸湿（沙的湿度以手握成团而不滴水，松开时裂开为好），种、沙以 1∶5 的比例混合均匀；再将混合均匀的种、沙按照杂交品种组合分别放入高 30 厘米、直径 25 厘米的陶制花盆中（在花盆底层先铺 10 厘米的湿沙），铺平，待离花盆顶 10 厘米左右时，再覆湿沙。完后覆土，堆成高出地面 10 厘米左右的屋脊形土堆，以防止雨水囤积。种子层积催芽时间为 60 天左右，在此期间需经常检查，注意沙堆中的温、湿度，尤其是后期，如发现堆内干燥或干湿不匀，应适当加水或翻动。如发现有霉烂种子，要及时取出。当杂交种子的芽生长到 1～1.5 厘米时，可以播种。

七、种子播种

播种地点应选择向阳、平坦、避风、排水良好、土层深厚、肥力强的地方，采用田间条播法，播种沟深 4～6 厘米。播种前在播种沟内撒施杀虫、灭菌剂，防止病虫为害；播种时，选择点播法，株距为 10 厘米，覆土到 5 厘米左右，播种后及时浇水，随地温升高，种子会快速生长发芽。

第五节　油用牡丹品种的筛选鉴定

一、凤丹品种及其油分含量的鉴定

凤丹牡丹属于江南牡丹品种群，适宜生长于长江、淮河流域，该系列以花量大、结实多、萌蘖少、生态适应性强为主要特点，以凤丹白为代表，经过多年栽培选育，主要有凤丹粉、凤丹紫、凤丹玉和凤丹荷 10 余个品种。洛阳农林科学院以凤丹牡丹为对照，对 10 种油用牡丹的园艺性状和油分含量进行了研究。结果表明，玉盘珍、紫斑白、白菊和香玉品种的园艺性状表现较好，其有较高的成花率、结实率和百粒重；从油质分析上来看，不同品种的油分含量各不相同，尤其是 3 种主要不饱和脂肪酸含量，达到了显著或极显著差异。

二、紫斑牡丹品种及其抗寒性鉴定

紫斑牡丹品种系列适宜于北方半干旱地区，现已经超过300 个品种，集中栽培分布于甘肃兰州、临夏、临洮、陇西等地。经过多年的栽培鉴定，主要选择其中瓣化程度低、种籽产量高及油质好的全缘叶品种类型作为油用牡丹品种，包括白花单瓣型品种：书生捧墨、冰山雪莲、白碧蓝霞、黑发女郎、巨荷三变、雪海银针、黑龙潭、玉凤点头、白鹤亮翅、银盘紫珠、一点墨、神箭、玉龙杯、众星捧月；红花单瓣型品种：喜庆有余、桃园结义、陇原红、红海银舟、友谊；粉红色单瓣型品种：粉金玉、粉盘玉杯、雪海飞虹、冰心粉莲、北极光、红霞映雪、云雀；蓝色单瓣型品种：蓝荷、南海金、蓝海映月；紫花单瓣品种：紫蝶迎风；黄花单瓣品种：黄河；复色花单瓣品种：灰鹤、日月同辉、大漠孤烟等。

东北农业大学以兴高采烈、紫海银波、红珍珠 3 个从兰州引进的紫斑牡丹品种为试验材料，在黑龙江省森林植物园（哈尔滨）冬季自然降温条件下，测定了其越冬枝条的可溶性糖、可溶性蛋白、脯氨酸含量及超氧化物歧化酶活性变化。结果表明，随着温度的降低，3 个品种的各项指标都有不同程度的增加，且兴高采烈和紫海银波的各项指标测定值高于红珍珠，说明，兴高采烈和紫海银波表现为相对较强的抗寒特性。吉林农业大学鉴定了 3 年生紫斑牡丹 6 个品种和平莲、红莲、玫瑰红、紫冠玉珠、紫楼闪金、青春的抗寒性，结果表明：在低温胁迫条件下，不同品种的紫斑牡丹的生理反应不同，其抗寒性的强弱顺序为：玫瑰红＞和平莲＞红莲＞紫楼闪金＞紫冠玉珠＞青春。

辽宁农业职业技术学院于 2009 年 9 月上旬，从甘肃兰州引进 6 年生紫斑牡丹 10 个品种（仙鹤毛、玉狮子、雪里藏金、粉西施、红海银波、红冠玉带、紫海银波、黑凤碟、夜光杯、黑旋风），将其种植于营口市辽宁农业职业技术学院院内基地，观测结果表明，由于气候差异，紫斑牡丹的物候期要比原产地推迟 15 天左右，但其形态特征及生长发育规律没有呈现显著变化。其中株型、花型、花色几乎没有变化，枝条平均生长量为 24.3 厘米，与原产地兰州相比，短约 10 厘米。花蕾发育正常，能够正常开花；花径平均大小为 14.5 厘米，与原产地兰州相比，短约 5 厘米，但也保持了较高的观赏价值。紫斑牡丹不同品种在营口地区的物候期表现不同：青春萌动最早（4 月 3 日），粉西施萌动最晚（4 月 11 日）；夜光杯开花最早（5 月 8 日），粉西施开花最晚（5 月 18 日）；夜光杯种子成熟最早（8 月 10 日），粉西施种子成熟最晚（8 月 21 日），青春不结实；黑凤碟落叶最早（11 月 4 日），粉西施落叶最晚（11 月 11 日）。生长量表现也不同：嫩枝长度以红冠玉带当年嫩枝长度最长，平均为 30 厘米；仙鹤毛、粉西施嫩枝长度最短，平均为 21 厘米。花朵直径以紫海银波最大（16.3 厘米），黑凤碟最小（13 厘米）；花期以玉狮子最长（15 天），青春最短（11 天）。成花率以玉狮子最高，平均为 92.3％；仙鹤毛最低，平均为 85.4％。综合物候期、形态特征等各项指标来看，各品种紫斑牡丹在营口地区均能适应生长，正常开花，且花繁叶茂，能够保持较高的观赏价值，具有广泛的适应性及发展潜力，适宜大力推广和应用。

　　赤峰学院以紫冠玉珠、雪里藏金、紫楼闪金等紫斑牡丹品种为试材，比较分析了不同品种间茎的表皮、角质层、表皮细胞外壁、厚角组织、皮层、木质部、韧皮部、导管直径、髓半径、茎半径的差异，探究紫斑牡丹茎结构与抗寒性的关系。结果表明，不同品种紫斑牡丹茎厚角组织、角质层、皮层厚度与抗寒性无关联；表皮细胞外壁厚度、导管直径和茎半径与抗寒性无明显关联；表皮细胞厚度、木质部厚度、韧皮部厚度及髓半径与抗寒性呈正相关联，可作为引种栽培的参考指标。紫斑牡丹对寒冷气候具有一定适应性，但其抗寒性明显地存在品种差异；测试品种抗寒适应性表现为紫冠玉珠最大，雪里藏金最小，其他居中。

第三章　油用牡丹的繁殖技术

第一节　概　　述

油用牡丹繁殖技术大多在观赏牡丹和药用牡丹繁殖技术的基础上进行简单改良而成。传统观赏牡丹和药用牡丹的繁殖技术主要包括有性繁殖和无性繁殖，有性繁殖即播种繁殖，无性繁殖主要为嫁接和扦插等。观赏牡丹繁殖技术的要点在于保持花型、花色等观赏性状，而药用牡丹繁殖技术的要点在于促进植株根系建成。油用牡丹以收获种子、榨取油料为主要目的，其繁殖技术应立足壮苗培植，为提高籽粒产量和籽油品质奠定基础。

一、油用牡丹的有性繁殖技术

牡丹种子播种的繁殖系数较大，实生苗根系发达，抗逆性强，育苗程序简单，可满足油用牡丹规模化、产业化种植的种苗需求。

1. 种子采集

油用牡丹果实为聚合蓇葖果，单果含 3～5 个果荚，每个果荚有 7～13 粒种子，从 8 月下旬开始陆续成熟，需适时分批采收。种子成熟度对发芽率具有显著影响，一般以蓇葖果外果皮呈蟹黄色，种皮呈黄绿色或红棕色时采收为宜。采收过早种子尚未成熟，含水量高，易霉烂或干瘪；采收过晚则种皮转为黑色或黑褐色，种皮厚、质硬，出苗困难。适时采收种子是油用牡丹有性繁殖的关键技术之一。

2. 种子播前处理

油用牡丹种子具有休眠特性，包括上胚轴（胚芽）和下胚轴（胚根）的休眠，并且上胚轴休眠更为突出。秋季播种后仅下胚轴突破种皮形成幼根，至翌年春季开始发芽，因此，当年采收的种子必须经处理打破休眠才能顺利萌发。大量研究结果表明，低温结合赤霉素（GA_3）处理可有效提高种子发芽率。研究发现，只有在胚根长大于3厘米时，用GA_3 100毫克/升处理1天或5℃低温处理1～2周才能打破上胚轴休眠，否则没有效果。成仿云等综合考虑种子发芽率、发芽指数、叶片数、苗高、第一片叶叶宽、茎长以及地上和地下部干物质等指标，发现低温21天结合GA_3 200毫克/升处理最有利于种子萌发和幼苗生长。

3. 播种

油用牡丹播种时间对成苗率具有显著影响，适期播种有利于当年根系伸长，增加抗寒力。油用牡丹一般采用条播，行距30～40厘米，株距3～4厘米，播种沟深5～6厘米，每行开沟，播后覆土3～4厘米，稍镇压，小水浇透；待地面稍干时，在播种沟上堆土加封10厘米高，以防旱保墒、提高地温，播种量约为750千克/公顷。除采种时间和播期外，苗圃地的选择对油用牡丹的成苗率也存在显著影响，以背风向阳、平坦、排水良好、透气性较好的中性或微酸性沙质壤土为最佳。

二、油用牡丹的无性繁殖技术

1. 嫁接

油用牡丹嫁接的方法可分为根接、枝接和芽接3种，多在休眠季节进行，以白露前后嫁接成活率最高。有研究结果表明，紫斑牡丹根接繁殖技术中，根砧品质、嫁接时间、嫁接方式等对油用牡丹的嫁接成活率均具有显著影响。一般采用芍药根砧进行切接（根砧直径大于 2 厘米）或贴接（根砧直径 1 厘米左右），以当年生健壮枝、芽为接穗，嫁接时间以 8 月中下旬为宜。无论是根接法、枝接法，还是芽接法，嫁接后管理的关键是及时去除根砧上发出的根蘖，以防接穗新芽因营养不足而枯死。在气温 20～25℃、地温 18～23℃条件下，保持较高湿度可促进愈伤组织形成，提高嫁接成活率。研究表明，以芍药为砧木，采用 1 年生枝条上的芽为接穗，不同牡丹品种的嫁接成活率均在 85％以上。以牡丹根作砧木，选择适应性强的品种为接穗也可大幅提高嫁接成活率。

嫁接是传统观赏牡丹品种最常用的繁殖方法，具有速度快、成本低、繁殖系数高、苗木整齐规范等优点，但是嫁接苗的根系欠发达，不利于油用牡丹高产稳产。

2. 扦插

牡丹扦插成活率较低，因此在生产上较少被采用。研究结果指出，凤丹牡丹扦插苗生长初期，与生根过程密切相关的吲哚乙酸（IAA）氧化酶活性较低，导致根系发生晚，不利于扦插苗的生长。扦插时期、温度和湿度对紫斑牡丹扦插成活率均有显著影响。一般来说，牡丹扦插的最佳时间为 9 月份。应选取当年生健壮萌蘖枝，用萘乙酸（NAA）500 毫克/升或吲哚乙酸（IBA）300 毫克/升处理后扦插于沙质壤土，此时气温为 18～25℃，地温 18～23℃，50～60 天即可萌发新根至 6～10 厘米，冬季根部基本停止生长，翌年开春即可移植。但牡丹扦插苗成活率较低，相关技术尚未成熟，生产上一般较少采用。

第二节　不同地区油用牡丹育苗技术

一、西北地区油用牡丹育苗技术要点

西北地区以紫斑牡丹为主，低海拔、平原地区也有凤丹牡丹栽培。

(一) 凤丹牡丹育苗技术要点

1. 圃地选择

育苗地应选择地势平坦向阳，排水良好，中性壤土，有灌溉条件的地块。

2. 苗床整地及施肥

播种前施足底肥，每公顷施腐热的厩肥 15 吨＋氮磷钾 (15－10－20) 复合肥 375 千克，加施 3‰辛硫磷颗粒剂 150 千克作土壤杀菌剂。机械翻耕 30～40 厘米，然后平整土地，耧畦做床，畦的宽度以使用的地膜宽度而定。

3. 播种时间

凤丹牡丹种子选用当年新采的种子，原则上随采随播。最佳播种时间为 8 月下旬至 10 月上旬。凤丹牡丹种子上胚轴休眠特性，决定了凤丹牡丹当年播种后只能发出幼根，幼芽经冬季低温打破生理休眠，翌春方可萌发，原则上播种时间宜早不宜迟。

4. 种子处理

凤丹牡丹种子又密又硬，难以透水。播种前要用 50℃温水浸种 48 小时，或用 GA_3 200 毫克/升浸种 12 小时，打破休眠以利萌发。

5. 播种

将处理好的种子，开沟条播，播种深度 5 厘米，行距 15

厘米，覆土厚度 2～3 厘米，覆盖地膜，以利苗床保温保湿，播种量 750 千克/公顷。

6. 苗床管理

翌春 3 月上旬出苗后，揭去地膜，及时除草，干旱时及时浇水，加强追肥及病虫害管理措施。

真苗前期　从苗木生出新梢到高速生长停止，一般 60～70 天，可适量追施氮肥，注意防治地老虎、金龟子幼虫以及蝼蛄，并及时除草松土。

真苗后期　由苗高停止生长到苗径停止生长，一般 20～30 天，此时苗木开始木质化。需追施磷、钾肥，避免追施氮肥。

休眠期　凤丹牡丹 1 年生种苗还需埋土防寒，10 月下旬叶片干枯后，将枯叶及时清除出圃地，作深埋等处理，清圃后灌足过冬水，从步道中取细土把苗木埋实不留空隙即可，翌年 4 月中旬撤去防寒土并浇灌解冻水，进行常规苗间管理即可，实生苗 2 年后即可进行移栽定植。

（二）紫斑牡丹育苗技术要点

1. 圃地选择

培育紫斑牡丹的苗圃地应选择在向阳、便于管理、排水良好、沙质壤土的平地。

2. 苗床整地及施肥

将苗圃地深翻 20～35 厘米，每公顷施入 20％多菌灵可湿性粉剂 60～75 千克进行土壤消毒，然后施入厩肥 15～22.5 吨及氮磷钾（15 - 10 - 20）复合肥 600～750 千克，并同时施入 3％辛硫磷颗粒剂 150～225 千克。

3. 种子处理

选择当地培育或者与当地气候相近地区培育的优质紫斑牡

丹种子，在播种前 2 天用 50℃ 的温水浸种 24～48 小时，去掉浮在水面上的杂质和不饱满种子，将饱满种子用 50% 的多菌灵 800～1 000 倍液浸泡消毒，或者用多菌灵、福美双进行拌种消毒。

4. 播种及播种方法

在 8 月下旬至 9 月上旬播种，油用牡丹在生产中常用撒播或条播法播种。

撒播　每公顷播种量 750～1 125 千克。播种后畦宽 80～100 厘米，畦间距 20～30 厘米，畦沟深 15～20 厘米，畦面与地面平整或略高于地面 2～3 厘米。播种时将处理好的种子撒在畦上，使种子均匀布满整个播种畦，用铁锹把种子拍实，使种子与土壤紧密接触，防止覆土时滑动，然后进行两次覆土。第一次覆土用湿度适中的细土覆盖畦面 2～3 厘米，覆土时，可用玉米秆横放在畦面，覆土厚度与玉米秆齐平，用于掌握覆土厚度、便于第二年开春去除覆土；第二次覆土厚度 2～3 厘米，主要是为了保墒、防寒，到 10 月下旬，气温下降后，要覆盖地膜，提高地温，以延长牡丹根生长期，第二年开春，地面解冻后，去除地膜和第二次覆土，以利于种子萌发出土。

条播　每公顷播种量 750～1 500 千克。生产中，直接用工具开沟，沟深 4～5 厘米，行距 10～15 厘米，将处理好的种子均匀撒在播种沟用脚踩实。此法播种出苗率较低，不提倡使用。

5. 苗期管理

苗木出齐后，每隔 15 天喷施 1 次波尔多液或代森锌溶液，防治牡丹苗叶斑病，6～8 月进行叶面施肥，一般用磷酸二氢钾兑水 1 000～1 500 倍，每 10 天喷洒 1 次，以促进苗木生长。10 月下旬，及时清理干枯叶片，并做深埋等处理。

二、黄淮海地区油用牡丹育苗技术要点

该地区以凤丹牡丹栽培为主，因此，重点介绍凤丹牡丹的育苗技术要点。紫斑牡丹的育苗技术可参照西北地区的技术要点进行。

1. 圃地选择

油用牡丹育苗地宜选择高燥向阳地块，以沙壤土为好。要求土壤疏松透气、排水良好，pH 6.5～8.0。

2. 苗床整地及施肥

播种前施足底肥，每公顷施用饼肥 3.0 吨或腐熟的厩肥 30 吨＋氮磷钾（15 - 10 - 20）复合肥 600～750 千克，同时施入 3％辛硫磷颗粒剂 150～225 千克和 20％多菌灵可湿性粉剂 60～75 千克等作为土壤杀虫、杀菌剂。深耕 30～40 厘米，耙细耧平，做成长 10 米、宽 1.2 米、高 15 厘米的畦。留好排水沟，沟宽 60 厘米，沟深 80 厘米。

3. 种子处理

播种前用 50℃的温水浸种 24 小时，捞除漂浮种子，用 0.5％的高锰酸钾溶液杀菌 2 小时，而后用清水冲洗干净待用。如果需要立即播种，可用 200 毫克/升 GA_3 浸种 12 小时；如果不能立即播种，可用湿沙埋藏法处理，种子与沙的比例为 1∶4，沙堆不宜太厚，沙表层见干时，适量洒水，催芽 20 天左右，有 1/3 露白时必须播种。

4. 播种时间及方法

油用牡丹适播期为 9 月中旬。可采取畦播，播种行距 20 厘米，也可点播或撒播，每公顷用种量大约在 1 050～1 500 千克，播种深度 3 厘米，播种后须覆土镇压，覆土厚度 2～3 厘米。为防旱保墒，提高地温，播种完成后宜加盖地膜。

5. 苗床管理

肥水管理　播种后一般 30 天左右即可发出幼根，当年可长 10 厘米左右。翌年萌芽后要经常浅松土、拔除杂草，一般出苗率达 90％以上。当气温达 18～25℃时，油用牡丹生长迅速，可喷施 0.3％的磷酸二氢钾溶液。夏季注意排水防涝。

病虫害防治　油用牡丹苗期为害严重的病害主要有立枯病和根腐病；虫害主要有金龟子和蛴螬。立枯病防治方法：（1）拔除病株并烧毁；（2）每 7 天喷一次 75％百菌清可湿性粉剂 800～1 000 倍液，连喷 3 次。根腐病防治方法：（1）挖出病株，剪除病根，用 1％硫酸铜溶液进行土壤消毒，重新栽植前用杀虫药剂撒施整土，防治地下害虫；（2）发病初期用50％多菌灵 800～1 000 倍液灌根，雨后及时排水；（3）3 月中旬至 4 月中旬，用 70％甲基硫菌灵 1 000 倍液或 1％波尔多液，隔周浇灌 1 次，连续防治 2 次。金龟子和蛴螬防治方法：用25％溴氰菊酯＋40％氧化乐果于幼苗期喷施 2 次，防治效果好。

三、东北地区油用牡丹育苗技术要点

该地区气候严寒，以紫斑牡丹为主，因此重点介绍紫斑牡丹的育苗技术。

1. 圃地选择

圃地选背风向阳、不易积水的地方，以疏松、肥沃、排水良好的沙质土壤为宜。

2. 苗床整理及施肥

播种前施足底肥，每公顷施腐熟的厩肥 30 吨、氮磷钾（15 - 10 - 20）复合肥 750 千克，同时施入 3％辛硫磷颗粒剂150～225 千克和 20％多菌灵可湿性粉剂 60～75 千克等作为土壤杀虫、杀菌剂。深耕 30～40 厘米，耙细耧平，做成长 10 米、宽 1.2 米、高 15 厘米的畦。留好排水沟，沟宽 60 厘米，沟深 80 厘米。

3. 播种时间

播种最佳时间为 8 月下旬至 9 月上旬。选用当年新采的种子，原则上随采随播。

4. 种子处理

紫斑牡丹种皮又密又硬，很难透水。播种前用 40～50℃温水浸种 24～48 小时，或用常温凉水浸种 4～6 天，使种皮软化、膨胀，同时结合浸种，用水漂法把种子内的杂质、霉变的种子等漂出来，或采用 GA_3 200 毫克/升浸种 12 小时，打破种子休眠。

5. 播种

一般采用畦播，畦宽根据地膜宽度而定，将处理好的种子，均匀地撒在苗床上，踏实覆土 5 厘米，之后覆膜，覆膜后膜上最好再覆盖一层谷草或稻壳，以增强保温效果。每公顷用种量 750～1 500 千克，大约出 15 万株苗。

6. 苗床田间管理

播种后一般 15～30 天可发出幼根，当年幼根可长 5～10 厘米。第二年地温升至 4～5℃时，种子幼芽开始萌动，及时去除地膜，结合拔草浅松表土。圃地 1～2 年生紫斑牡丹不耐寒，冬季用谷草或树叶盖好，保湿防寒。

第四章　油用牡丹高产栽培

第一节　油用牡丹生长发育规律

油用牡丹为多年生落叶小灌木，生长缓慢，株型小，实生苗定植后3～4年开花结籽形成产量。油用牡丹的年周期生长具有显著的物候变化，可分为11个物候期，依次为萌动期、萌发期、显叶期、张叶期、展叶期、风铃期、透色期、开花期、鳞芽生长分化期、枯叶期和相对休眠期。黑龙江省的研究表明，紫斑牡丹茎的年平均生长量为26.3厘米，5月中旬是茎的迅速生长期，叶片在5月下旬生长迅速。洛阳地区紫斑牡丹茎生长高峰期为3月20日至4月6日，且平均生长量达21厘米；3月底至4月上旬是叶片的迅速生长期，4月22日叶片大小定形；花期集中在4月13～23日。这说明，油用牡丹在不同物候期各器官的生长发育存在显著差异，高产优质配套栽培措施的研究应与其营养生长和生殖生长关键时期密切联系，在保证油用牡丹当年籽粒产量的同时兼顾翌年的高产稳产。

油用牡丹生长规律的典型特点是春发芽、夏打盹、秋长根、冬休眠，即：当春季气温稳定在3℃左右时，其根系和混合芽开始萌动；随着温度的逐渐升高，根系伸长增粗，叶枝同时生长；当温度达到12℃左右时，牡丹接近现蕾开花；花谢后至6月份前后，温度达30℃左右时，牡丹进入半休眠状态；进入8月，果种成熟；当温度降到25℃以下时，牡丹根系又开始旺盛生长，但此时地上部分已成芽休眠，叶已经变黑，属正常现象，这也是晚秋栽植牡丹的主要原因；入冬，牡丹进入深休眠期。

第二节 油用牡丹栽培品种的筛选

当前，我国种植和推广的油用牡丹主要有凤丹牡丹和紫斑牡丹两大系列品种。其中紫斑牡丹品种系列适宜于北方半干旱地区，主要选择其中瓣化程度低、种籽产量高及油质好的全缘叶品种类型，包括书生捧墨、雪莲、紫斑白20余个品种。紫斑牡丹传统栽植区域分布于陕西西安以西，青海西宁以东，宁夏及甘肃南部，主要在甘肃形成品种起源、演化和栽培中心，并分布到邻近的青海、陕西、宁夏等西北其他地区。紫斑牡丹品种已经超过300个，集中栽培分布于甘肃兰州、临夏、临洮、陇西等地，其种植规模、品种数量和在国外的影响，使之成为中国牡丹仅次于中原牡丹的第二大品种群。凤丹牡丹属于江南牡丹品种群，适宜生长于长江、淮河流域，该系列以花量大、结实多、萌蘖少、生态适应性强为主要特点，以凤丹白为代表，经过多年栽培选育，主要有凤丹粉、凤丹紫、凤丹玉和凤丹荷10余个品种。

第三节 油用牡丹高产栽培技术

一、西北地区主要气候特点及油用牡丹栽培技术

（一）西北地区的主要气候特点

西北地区包括甘肃、宁夏、陕西、新疆、青海以及内蒙古自治区西部地区。该地区地域辽阔，地形复杂，自然气候条件

差异大，生态条件各异。甘肃属大陆性气候，境内多山，分陇东、陇西及陇南地区，年日照 2 000～2 500 小时，≥10℃积温 2 800～3 646.4℃，年平均气温 4.3～10.5℃，无霜期 150～187 天，昼夜温差大，空气干燥，年降水量 29.2～580.1 毫米，多集中在 7 月、8 月、9 月 3 个月。宁夏地处黄河中游。银川平原农业生产条件甚好，土壤肥沃，引黄灌溉方便。日照充足，年日照 3 019.5 小时，≥10℃积温为 3 326.9℃，年平均气温 5～10℃，极端最高气温 35℃，极端最低气温 －24.3℃，年降水量 200～400 毫米，无霜期 180 天，昼夜温差大，空气干燥。陕西省依地理条件分陕北、关中、陕南 3 个不同类型的地区，属暖温带半干旱气候，年降水量 400～600 毫米，无霜期 180 天，年日照 2 400～2 900 小时，≥10℃积温为 3 000℃。由于受复杂地形的影响，南北气候差异较大。温度分布基本是由南向北逐渐降低，各地的年平均气温在 7～16℃。由于受季风的影响，冬冷夏热、四季分明。春秋温度升降快，夏季南北温差小，冬季南北温差大。陕北黄土高原属温带半干旱地区，年平均气温较低。关中地区属于暖温带半湿润地区，四季分明，秋季阴雨连绵，夏季炎热多雨，间有"伏旱"，每年夏天都会出现超高温天气。陕南地区年平均气温较高，属亚热带气候，冬天较暖，夏秋两季多连阴雨甚至大暴雨，每年的 10 月以后降水速减，天气晴好，雨雪稀少。新疆地势较高、海拔 1 000 米以上，绝大部分属于干旱荒漠地带，大陆性气候明显，其气候特点是昼夜温差大，属典型的大陆性干旱气候，南疆干旱，光照长，少雨，年降水量仅 20～100 毫米，而北疆却达 100～500 毫米。年平均气温南疆平原 10～13℃，北疆平原低于 10℃。极端最高气温吐鲁番曾达 48.9℃，极端最低气温富蕴县境可可托海曾达 －51.5℃。南疆平原无霜期 200～220 天，北疆平原大多不到 150 天。

鉴于该地区的气候特点，油用牡丹种植分布主要集中在甘肃、宁夏、陕西等省份，青海、新疆有少量种植。该地区主要以紫斑牡丹为主，在甘肃的南部、陕西南部有凤丹牡丹栽培。

（二）西北地区油用牡丹高产栽培技术

1. 甘肃油用牡丹种植技术要点

（1）品种选择。主要选择单瓣产籽量大的紫斑牡丹品种，海拔较低的地区也可选择凤丹牡丹品种。

（2）选地。选择排水良好的高燥地块，以沙质壤土为好，需配有灌溉条件，土壤适宜 pH 为 6.5～8.0。

（3）整地。8 月底之前在选定的地块中每公顷普施腐熟鸡粪或饼肥 2.25～3.0 吨作基肥。每公顷采用 3‰毒死蜱颗粒剂 30～60 千克，掺 2～3 倍的细沙拌匀，制成毒土均匀撒施，防治地下害虫。然后精细耕耙，依地形地势做成高为 10 厘米、宽行为 100 厘米的垄，便于后期灌水、除草等管理。

（4）栽植时间和苗木处理。栽植时间是提高成活率的关键。采用秋季栽植，从 9 月中旬开始到 10 月上旬结束。一般选择 2～3 年生实生苗，根茎直、无弯曲、侧根多、无病斑、芽头饱满为优良种苗，把分级好的种苗截去多余的须根，茎部以下不能少于 15 厘米。采用福美双 800 倍液浸泡 5～10 分钟，有条件的再蘸 200 倍生根剂，晾干后栽植。

（5）栽植密度。定植株行距一般为 60 厘米×50 厘米，即每公顷 3.3 万株。如果是 1～2 年生种苗，为有效利用土地，栽植密度可以暂定为每公顷 6.6 万株，株行距为 30 厘米×50 厘米。1～2 年后，可以隔一株间苗一株，间下来的苗可用作新建油用牡丹园，也可用作观赏牡丹嫁接用砧木，剩余部分作为油用牡丹继续管理，定植 5 年后每公顷保苗 9 750 株即可。

（6）栽植方法。栽植深度以根茎部位与地表平齐为宜。注意粗根要舒展，将幼苗放入坑中填细土，填一半后将苗植株轻轻往上提，以利根系充分舒展开，然后再分层填土、踏实。栽植时如果不细致，苗木根系的中心部位就不容易被土壤填实而存在空洞，导致苗木生长过程中根中心部位产生霉菌，使根部腐烂，发芽后植株生长不良，进而缓慢死亡。栽种后及时浇透水，周围封上土丘，以保温、保墒，利于安全越冬。裸地栽培不能过多浇水。具体的做法是：牡丹栽植后立即浇 1 次透水，以后浇水时间间隔不能太短，只要保持土壤湿润即可。如果浇水过多，土壤不透气，反而会导致苗木叶子发黄并逐渐死亡。

（7）田间管理。

除草　雨季杂草过多时，及时进行除草，防止与紫斑牡丹争水、争肥。每年至少除草 2 次，开花前要深锄，深度可达 3～5 厘米；开花后要浅锄，深度可达 1～3 厘米。

施肥　紫斑牡丹较喜肥，栽植后第二年开始，每年应穴施或沟施肥料 3 次，一是在早春发芽后；二是在花谢之后；三是在入冬前。前 2 次以速效肥为主，每公顷施用氮磷钾（15 - 10 - 20）复合肥 1 200 千克，后 1 次以腐熟堆肥为主，每公顷施用农家肥 22.5 吨＋氮磷钾（15 - 10 - 20）复合肥 750 千克。

浇水　紫斑牡丹生长期仍需充足水分，但土壤不可过湿，更不能积水。春季，紫斑牡丹由萌动而至开花，如遇春旱，必须适当浇水。入冬前进行浇水也是很关键的。花前、花后应视土壤干湿情况适时灌水。

清除落叶　10 月下旬及时清扫落叶，并集中深埋等处理，以减少来年病虫害的发生。

（8）病虫害防治。紫斑牡丹生长健壮，病虫害较少，有时也发生叶斑病、根腐病和金针虫等病虫害。

叶斑病 11 月上旬（立冬）前后，做好田间卫生管理，将地里的落叶扫净、清除，以消灭病原菌。发病前（5 月）喷洒波尔多液，每隔 10～15 天喷 1 次，直至 7 月底；发病初期，喷洒兑水 500～800 倍的甲基硫菌灵或多菌灵，每隔 7～10 天喷 1 次，连续三四次。

根腐病 选择排水良好的高燥地块栽植；发现病株及时挖掉并进行土壤消毒。

金针虫 预防为主，整地时床底撒施 3% 毒死蜱颗粒剂 30～60 千克/公顷；栽植后在为害株周围插孔浇灌辛硫磷原液。

（9）整形修剪。1～2 年生苗栽植时不用修剪，栽植 3～4 年生苗需先平茬、后栽植。定植后可视牡丹苗生长情况，在第二年秋或第三年秋进行平茬，以促植株基部多生分枝，提高开花量及产量；3 年生以后的修剪主要是去除回缩枝或过密枝，根据管理水平确定每公顷的留花量，保证单株结果 20～25 个。整形应根据枝叶分布空间，在春季萌动时和秋末落叶后分 2 次进行。

（10）收获脱粒。牡丹的蓇葖果由青色变成蟹黄色时采集最佳。采收过早，种子不成熟；采收过晚，果荚开裂，种子掉落，种皮变黑、发硬，不易出苗。采集到的蓇葖果可以直接手工掰开收集种子，或将其放于阴凉、干燥处摊开，堆放高度不宜超过 20 厘米，并要经常翻动，促进果皮开裂，爆出种子或用剥壳机进行脱粒，然后收集种子，去杂精选种子。注意：采集到的蓇葖果切忌暴晒、堆沤，自然阴干，防止霉变。

种子脱出后，继续摊晒至水分 12% 左右时即可将种子放于阴凉干燥处贮藏或运往加工厂加工，或将种子放到 0～5℃ 的冷库中贮藏备用。

2. 宁夏油用牡丹种植技术要点

（1）品种选择。主要选择凤丹牡丹，凤丹牡丹生长势强、结籽量大；也可选择紫斑牡丹品种。

（2）选地。选择高燥向阳的退耕还林地，退耕还林地一般在高处，排水好，适宜油用牡丹栽植。土质以沙质壤土为好，适宜 pH 6.5～8.0。

（3）整地。在整地前，每公顷普施腐熟的农家肥 30 吨或饼肥 2.25～3.00 吨＋氮磷钾（15 - 10 - 20）复合肥 600～750 千克作底肥。同时，每公顷施入 3% 辛硫磷颗粒剂 150～225 千克和 20% 多菌灵可湿性粉剂 60～75 千克防治病虫害。然后进行深翻整地，翻耕深度为 30～40 厘米。

（4）栽植时间和苗木处理。可进行春栽或秋栽。春栽在 3 月下旬至 4 月上旬进行；秋栽以 9 月中旬至 10 月上旬为好。一般选择 2～3 年生实生苗，根茎直、无弯曲、侧根多、无病斑、芽头饱满为优良种苗，把分级好的种苗截去多余的须根，茎部以下不能少于 15 厘米。采用 50% 福美双 800 倍液浸泡 5～10 分钟，有条件的再蘸兑水 200 倍的生根剂，晾干后栽植。

（5）栽植密度。采用 1～2 年生苗定植，株行距一般为 35 厘米×60 厘米，即 4.8 万株/公顷。每年秋季进行隔株间苗，定植 5 年后保苗 9 750 株/公顷即可。

（6）栽植方法。栽植时，用铁锨挖 1 个长 30 厘米、宽 20 厘米、深 30 厘米的坑，放入 1 株幼苗，使根茎部保持舒展，然后踩实，使苗木根系与土壤紧密接触。栽植后按行封成高 10～20 厘米的土埂，保温保墒。

（7）田间管理。

除草　每年除草 2 次，开花前要深锄，深度可达 3～5 厘米；开花后要浅锄，深度可达1～3厘米。

追肥　牡丹栽植后第二年开始，在4月上旬，每公顷施氮磷钾（15-10-20）复合肥1 200千克；于10月中旬，每公顷施农家肥22.5吨＋氮磷钾（15-10-20）复合肥750千克。

浇水　牡丹为肉质根，忌湿，应保证排水疏通，避免积水，不宜经常浇水，但遇旱时仍需适量浇水。

清除落叶　10月下旬及时清扫落叶，并集中烧毁或深埋，以减少来年病虫害的发生。

（8）病虫害防治。种植油用牡丹，要严格加强病虫害防治，一般在3月上中旬，喷洒20％多菌灵可湿性粉剂500倍液，喷洒时应覆盖整个地面；4月初每公顷撒施3％辛硫磷颗粒剂150千克；4月初，于花期前10天喷施70％甲基硫菌灵600～800倍液；6月下旬开始，每隔15天喷施70％甲基硫菌灵600～800倍液及百菌清等杀菌剂。

（9）收获。牡丹的蓇葖果由青色变成蟹黄色时采集最佳。采收过早，种子不成熟；采收过晚，果荚开裂，种子掉落，种皮变黑、发硬，不易出苗。采集到的蓇葖果可以直接手工掰开收集种子，或将其放于阴凉、干燥处摊开，堆放高度不宜超过20厘米，并要经常翻动，促进果皮开裂，爆出种子或用剥壳机进行脱粒，然后收集种子，去杂精选种子。注意：采集到的蓇葖果切忌暴晒、切忌堆沤，自然阴干，小心霉变。

种子脱出后，继续摊晒到水分12％左右时即可将种子放于阴凉干燥处贮藏或运往加工厂加工，或将种子放到0～5℃的冷库中贮藏备用。

3. 陕西油用牡丹种植技术要点

（1）品种选择。陕北地区可选抗寒能力强的紫斑牡丹品种，陕西中、南部地区可选凤丹牡丹或紫斑牡丹品种。

（2）选地。宜选高燥向阳地块，以沙质壤土为好。要求土壤疏松透气、排水良好，适宜 pH 6.5～8.0。

（3）整地。整地前，每公顷施用饼肥 3.0 吨或腐熟的厩肥 22.5 吨＋氮磷钾（15-10-20）复合肥 600～750 千克作底肥。同时每公顷施入 3% 辛硫磷颗粒剂 150～225 千克和 20% 多菌灵可湿性粉剂 60～75 千克等作为土壤杀虫、杀菌剂。土壤翻耕深度为 30～40 厘米。

（4）栽植时间及苗木处理。露地栽植时间为秋季，9 月上旬至 10 月上旬。一般选择 2～3 年生实生苗，根茎直、无弯曲、侧根多、无病斑、芽头饱满为优良种苗，把分级好的种苗截去多余的须根，茎部以下不能少于 15 厘米，采用 50% 福美双 800 倍液浸泡 5～10 分钟，有条件的再蘸兑水 200 倍的生根剂，晾干后栽植。

（5）栽植密度。如果是 3～4 年生种苗，定植株行距一般为 60 厘米×50 厘米，即每公顷 3.3 万株。如果是 1～2 年生种苗，为有效利用土地，栽植密度可以暂定为每公顷 6.6 万株，株行距为 30 厘米×50 厘米。1～2 年后，可以隔一株间苗一株，间下来的苗可用作新建油用牡丹园，也可用作观赏牡丹嫁接用砧木，剩余部分作为油用牡丹继续管理，定植后第五年保苗 9 000～9 750 株/公顷。

（6）栽植方法。栽植时用铁锹插入地面，撬开一条缝隙放入牡丹小苗，拔出铁锹，苗向上轻提，使根茎部稍低于地平面 1～2 厘米，踩实使根和土壤紧密接触。栽植后用土将栽植穴封成一个高 10～20 厘米的土埯。2～3 年生苗栽植深度一般 25～35 厘米，根过长的苗，可剪除一部分，以栽植后根部不卷曲为准。

（7）田间管理。

中耕　栽植后封起来的土埂，于春季结合锄地逐渐扒平，以便于田间管理。牡丹生长期内，需要勤锄地。开花前要深锄，深度可达 3～5 厘米；开花后要浅锄，深度可达 1～3 厘米。

追肥　牡丹栽植后第一年，一般不追肥。第二年开始，每年追肥 2 次。春分前后，每公顷施用氮磷钾（15 - 10 - 20）复合肥 600～750 千克；入冬之前，每公顷施用饼肥 2.25～3.0 吨或腐熟的厩肥 15.0～22.5 吨＋氮磷钾（15 - 10 - 20）复合肥 600～750 千克。

浇水　牡丹为肉质根，不耐潮湿，应保证排水设施疏通，避免积水。不宜经常浇水。但遇旱时仍需适时浇水，特别是开花前后或越冬封土前，要保证土壤墒情适中。应开沟渗浇，避免高温时浇水。提倡采用滴灌、微喷等节水灌溉措施。

清除落叶　出现的枯黄叶枝要随时剪除安全焚烧，10 月下旬叶片干枯后，要及时清除出圃地园地，烧毁或深埋。

（8）病虫害防治。2 月上中旬，喷 20％多菌灵可湿性粉剂 500 倍液，喷洒时要覆盖整个地面。3 月初，每公顷撒施 3％辛硫磷颗粒剂 150～225 千克。4 月中下旬，于花期前 7～10 天喷施波尔多液、代森锌液等。5 月中下旬开始，每隔 15～20 天，喷施 1 次多菌灵或甲基硫菌灵、百菌清等杀菌剂，直至 9 月中下旬。在牡丹生长期内，可视病虫害发生情况调整喷药次数，但整个生长季喷药不应少于 3 次。牡丹展叶之后，可结合病虫害防治进行叶面追肥。每 15～20 天，喷施 1 次兑水 400 倍的磷酸二氢钾或其他叶面肥料，连续喷施 3～5 次。

（9）修剪管理。油用牡丹栽植后需要定期修剪，一般在春、秋季进行，以促进生长，消除不利影响。修剪要根据栽植的密度、植株生长情况、植株粗壮程度等因素灵活开展。一般有 3 种方式：平剪定干、疏枝整形、回缩修剪。

平剪定干　此种修剪方式一般在秋季进行，对象是栽植 1～3 年的油用牡丹苗。处理方式：修剪位置为近地面 4 厘米左右处的腋芽，一般留 1 厘米平剪，以促进植株多增加萌发，在后期生长时产生分枝，增加开花数量，提高产量。也可采用剪除顶端芽体的方式进行定干。

疏枝保果　油用牡丹进入旺长期时需要疏枝，一般时间为栽植 3 年以上，此时近地部分开始郁闭，影响通风透光，容易滋生病菌，为保证植株枝条适宜密度和开花结果数量，需在此时控制旺长。可在春季进行抹芽，在秋季进行修剪枝条，规格为每株留枝 10 条左右，保证单株结果 20～25 个。

回缩修剪　油用牡丹生长 10 年以上，结果枝条老化，结果部位升高，导致产量降低。对处于该时间的植株，采取回缩修剪法，对结果枝条、老枝条进行剪除并更新，从而降低结果部位，以利于丰产稳产。

（10）收获脱粒。牡丹的蓇葖果由青色变成蟹黄色时采集最佳。采收过早，种子不成熟；采收过晚，果荚开裂，种子掉落，种皮变黑、发硬，不易出苗。采集到的蓇葖果可以直接手工掰开收集种子，或将其放于阴凉、干燥处摊开，堆放高度不宜超过 20 厘米，并要经常翻动，促进果皮开裂，爆出种子或用剥壳机进行脱粒，然后收集种子，去杂精选种子。注意：采集到的蓇葖果切忌暴晒、切忌堆沤，自然阴干，小心霉变。

种子脱出后，继续摊晒到水分 12％ 左右时即可将种子放于阴凉干燥处贮藏或运往加工厂加工，或将种子放到 0～5℃ 的冷库中贮藏备用。

4. 新疆油用牡丹种植技术要点

（1）品种选择。以结籽量大、出油率高、适应性广、生长势强的品种为主，如单瓣型紫斑牡丹品种。

（2）选地。对土壤要求不严，地块平整、疏松、中性或微碱为宜，需有灌溉渠系配套，土壤透气性好，pH 在 6.5～8.2。

（3）整地。土壤深翻 25～30 厘米，每公顷施用饼肥 3.0 吨或腐熟的农家肥 45 吨＋氮磷钾（15-10-20）复合肥 600～750 千克作底肥，同时施入 3％辛硫磷颗粒剂 150～225 千克和 20％多菌灵可湿性粉剂 60～75 千克作为土壤杀虫、杀菌剂。

（4）栽植时间和苗木处理。春季 3 月 10 日至 4 月 20 日，秋季 8 月 10 日至 10 月 10 日。一般选择 2～3 年生实生苗，根茎直、无弯曲、侧根多、无病斑、芽头饱满为优良种苗，把分级好的种苗截去多余的须根，茎部以下不能少于 15 厘米。采用 50％福美双 800 倍液浸泡 5～10 分钟，有条件的再蘸兑水 200 倍的生根剂，晾干后栽植。

（5）栽植密度。采用宽窄行种植，宽行宽 80～100 厘米，窄行宽 60 厘米，单行配置，株距 50～60 厘米，密度 2.1 万～2.9 万株/公顷。

（6）栽植方法。采用穴植法栽植，栽植穴直径 40～50 厘米，深度 40 厘米，栽植前施入腐熟有机肥 150 克/穴，与穴土搅拌均匀，将苗木放入穴中央，覆土 20 厘米后，缓慢向上提苗，让根系舒展，使根茎上 2 厘米处与地面持平，然后踩实，再二次覆土，直至土壤与地面齐平。栽植后及时浇透水，水渗透后对地表进行松土，防止蒸发和板结。

（7）田间管理。

松土锄草　每年松土锄草 3～4 次，从第三年开始每年结合施肥对土壤深翻 1 次。

施肥浇水　每年 10 月结合深翻，每公顷穴施饼肥 1 500

千克；每年视土壤墒情浇水 2～3 次。

清除落叶 10 月下旬叶片干枯后及时清扫落叶，并集中烧毁或深埋，以减少翌年病虫害的发生。

（8）病虫害防治。在牡丹生长期内，可视病虫害发生情况调整喷药次数，但整个生长季喷药不应少于 3 次。2 月上中旬，喷洒 20% 多菌灵可湿性粉剂 500 倍液，喷洒时要覆盖整个地面。3 月初，每公顷撒施 3% 辛硫磷颗粒剂 150～225 千克。4 月中下旬，于花期前 7～10 天喷施波尔多液、代森锌液等。5 月中下旬开始，每隔 15～20 天喷施 1 次多菌灵或甲基硫菌灵、百菌清等杀菌剂，直至 9 月中下旬。牡丹展叶之后，可结合病虫害防治进行叶面追肥。每 15～20 天喷施 1 次兑水400 倍的磷酸二氢钾或其他叶面肥料，连续喷施 3～5 次。

（9）修剪整形。栽植 1～2 年生种苗不用修剪，栽植 3～4 年生苗需先平茬，后栽植。定植后可视牡丹苗生长情况，在第二年秋或第三年秋进行平茬，以促植株基部多生分枝，提高开花量及产量；3 年生以后的修剪主要是去除回缩枝或过密枝，根据管理水平确定每公顷的留花量，保证单株结果 20～25 个。整形应根据枝叶分布空间，在春季萌动时和秋末落叶后分 2 次进行。

（10）收获脱粒。种子成熟期因地区不同而存在差异。育苗用种子的采收时间是：牡丹的蓇葖果由青色变成蟹黄色时采集最佳。采收过早，种子不成熟；采收过晚，果荚开裂，种子掉落，种皮变黑、发硬，不易出苗。采集到的蓇葖果可以直接手工掰开收集种子，或将其放于阴凉、干燥处摊开，堆放高度不宜超过 20 厘米，并要经常翻动，促进果皮开裂，爆出种子或用剥壳机进行脱粒，然后收集种子，去杂精选种子。注意：采集到的蓇葖果切忌暴晒、切忌堆沤，自然阴干，小心霉变。

种子脱出后，继续摊晒到水分12％左右时即可将种子放于阴凉干燥处贮藏或运往加工厂加工，或将种子放到0～5℃的冷库中贮藏备用。

二、黄淮海地区油用牡丹栽培技术

（一）黄淮海地区的主要气候特点

黄淮海流域是我国三大一级流域（黄河流域、淮河流域和海河流域）的统称，耕地资源丰富，光热条件适宜，是我国重要的农业经济区和粮食主产区之一。黄淮海地区包括山东、山西、河南、河北4省与北京和天津两市以及江苏、安徽两省北部。河北、河南与山东3省土地是由黄河、淮河、海河和滦河等冲击而成，形成了坦荡辽阔的黄淮海大平原，土壤肥沃，河流纵横，水利发达，灌溉便利。即使地处高原的山西省，也分布一条从南到北的串珠状的盆地，良好的自然条件是作物优质生产不可缺少的重要基础。江苏、安徽两省北部处于淮河流域，其气候特点是季风明显、四季分明、气候温和、降水量适中、春温多变、秋高气爽。优越的气候条件，充沛的光、热、水资源，有利于农、林、牧、渔业的发展。本地区属于华北暖温带半湿润地带，全年积温3 800～4 500℃，日照时数在2 100～3 000小时。年降水量一般在400～1 200毫米，降水在季节分配上很不均匀，各地夏季降水量多，占40％～70％。气候特点是四季分明，冬冷夏热，春暖秋凉。全年最高气温在7月份，最低气温在1月份。全年降水多集中在7～8月，9月以后降水减少，气温逐渐降低，且晴天日照多。全年平均温度山东、河南、安徽、江苏较高，在11～16℃。无霜期除河北和山西北部在80～90天外，其他地区无霜期都在180天以上。

该地区除高海拔的山区和山西省有紫斑牡丹栽培外，大多数地区都采用凤丹牡丹栽培，是我国油用牡丹的重要生产区。

（二）黄淮海地区油用牡丹高产栽培技术

1. 山东油用牡丹种植技术要点

（1）品种选择。以凤丹牡丹为最好，也可采用紫斑牡丹。

（2）选地。油用牡丹很耐旱、怕水涝，且耐瘠薄、耐严寒，生长寿命很长。宜选高燥向阳地块种植。尽可能选择疏松肥沃、土层深厚的沙壤土土壤，适宜 pH6.5～8.0，土壤含盐量在 0.3% 以下。要提前挖好排水设施，确保大涝之年不积水。严禁低洼地、盐碱地种植。另外，黏重地、重茬地、新农村搬迁改造土地、废窑场复耕地等不宜种植油用牡丹。

（3）整地。种植地块应适当深耕，尤其秸秆还田地块。土壤翻耕深度为 30～40 厘米，每公顷施饼肥 2.25～3.0 吨或腐熟的厩肥 15.0～22.5 吨＋氮磷钾（15 - 10 - 20）复合肥 600～750 千克作基肥，同时每公顷施入 3% 辛硫磷颗粒剂 150～225 千克和 20% 多菌灵可湿性粉剂 30～45 千克等作为土壤杀虫、杀菌剂。

（4）栽植时间及苗木处理。栽植时间以 9 月中旬至 10 月中旬为佳，栽植过晚需要覆盖薄膜，过早会秋发，来年苗弱。一般选择 2～3 年生实生苗，根茎直、无弯曲、侧根多、无病斑、芽头饱满为优良种苗，把分级好的种苗截去多余的须根，茎部以下不能少于 15 厘米。采用 50% 福美双 800 倍液浸泡 5～10 分钟，有条件的再蘸兑水 200 倍的生根剂，晾干后栽植。

（5）栽植密度。种植油用牡丹一般有 3 种栽植密度：①每公顷栽植 5.0 万株，株行距为 40 厘米×50 厘米；②每公顷栽植 10 万株，株行距为 20 厘米×50 厘米，隔 1～2 年，可以隔一株去除一株，用作观赏牡丹嫁接苗或另行栽植。为早达高产亦可不去除。③每公顷栽植 20 万株，株行距为 20 厘米×25 厘米，隔 1～2 年每隔 1 行去除 1 行，第 3 年可以隔 1 株去除 1 株。为早达高产亦可不去除。

（6）栽植方法。栽植时用宽度为 20 厘米的铁锹插入地面，撬开一个宽度为 5～10 厘米、深度为 25～30 厘米的缝隙，在缝隙两端各放入一株牡丹小苗，使根颈部低于地平面 2～3 厘米，务必保持根系舒展，然后踩实使根与土壤密切接触。栽植后按行封成高 10～20 厘米的土埂，牡丹苗顶芽高出土面 1 厘米为宜，以利于保温保湿。2 年生苗栽植深度一般在 25～30 厘米，根过长的苗，可剪除一部分，以栽植后根部舒展开为好。栽植后及时浇水。

（7）田间管理。

锄地　油用牡丹生长期内，需要锄地 3～6 次，用来灭除杂草和增温保墒。栽植后封起来的土埂，于春季结合锄地逐渐扒平，以便于田间管理。开花前要深锄，深度可达 3～5 厘米；开花后要浅锄，深度可达 1～3 厘米。

追肥　牡丹栽植后第一年，一般不追肥。第二年开始，每年追肥 2 次。第一次在春分前后，每公顷施用氮磷钾（15 - 10 - 20）复合肥 600～750 千克；第二次在入冬前，每公顷施用饼肥 2.25～3.0 吨或腐熟的厩肥 15.0～22.5 吨＋氮磷钾（15 - 10 - 20）复合肥 600～750 千克。牡丹展叶之后，也可结合病虫害防治进行叶面追肥。每 15～20 天喷施 1 次 400 倍的磷酸二氢钾或其他叶面肥料，连续喷施 3～5 次。

浇水　牡丹是深根性肉质根，怕长期积水，浇水不宜多，要适当偏干。平时要保证排水设施疏通，避免积水。不宜经常浇水，但干旱时仍需适时浇水，特别是开花前后或越冬封土前，要保证土壤墒情适中。越冬前浇 1 次防冻水，应开沟渗浇，避免高温时浇水，提倡采用滴灌、微喷等节水灌溉措施。

清除落叶　10月下旬，叶片干枯后及时清扫落叶，并集中烧毁或深埋，以减少翌年病虫害的发生。

（8）病虫害防治。在2月上中旬，喷洒20％多菌灵可湿性粉剂500倍液，喷洒时要覆盖整个地面；3月初，每公顷撒施3％辛硫磷颗粒剂150～225千克；4月中下旬，于花期前7～10天，喷施70％甲基硫菌灵600～800倍液；5月下旬开始，每隔15～20天，喷施1次多菌灵或甲基硫菌灵、百菌清等杀菌剂600～800倍液。在油用牡丹生长期内，可视病虫害发生情况调整喷药次数，但整个生长季喷药不应少于3次。

（9）整形修剪。采用1～2年生苗定植的地块不需要修剪；3年生苗定植地块需在地面以上5～8厘米处平茬，以促单株尽量多地产生分枝，以后开花量多，产量高；3年生以后的修剪主要是去除"土芽"和"回缩枝"。

（10）收获脱粒。在菏泽一带，常于7月下旬（大暑）至8月上旬（立秋）期间采收种子。当牡丹的蓇葖果由青色变成蟹黄色时采集最佳。采集到的蓇葖果可以直接手工掰开收集种子，或将其放于阴凉、干燥处摊开，堆放高度不宜超过20厘米，并要经常翻动，促进果皮开裂，爆出种子或用剥壳机进行脱粒，然后收集种子，去杂精选种子。注意：采集到的蓇葖果切忌暴晒、切忌堆沤，自然阴干，小心霉变。

种子脱出后，继续摊晒至水分12％左右时即可将种子放于阴凉干燥处贮藏或运往加工厂加工，或将种子放到0～5℃的冷库中贮藏备用。

2. 山西油用牡丹种植技术要点

（1）品种选择。栽培油用牡丹宜选择结籽多、果荚大、籽粒饱满、结籽率和出油率高、品质好、抗性强、适应性广的品种，如凤丹牡丹、紫斑牡丹等实生苗。

（2）地块选择。根据油用牡丹喜凉、厌热，耐寒、忌涝的特性，宜选择土质疏松、排涝方便，土壤 pH 6.5～8.0，总盐含量 0.3% 以下的沙壤土向阳地块，忌在酸性或黏重土壤上栽植。

（3）整地。精细整地，土壤深翻 30～40 厘米，每公顷施用饼肥 2.25～3.0 吨，氮磷钾（15-10-20）复合肥 600～750千克作底肥，有条件的，每公顷可增施腐熟的厩肥 15.0～22.5 吨，同时施入 3% 辛硫磷颗粒剂 120～150 千克和 20% 多菌灵可湿性粉剂 60～75 千克等作为土壤杀虫、杀菌剂。

（4）栽植时间和苗木处理。一般选择 2～3 年生实生苗，根茎直、无弯曲、侧根多、无病斑、芽头饱满为优良种苗，把分级好的种苗截去多余的须根，茎部以下不能少于 15 厘米，采用 50% 福美双 800 倍液浸泡 5～10 分钟，有条件的再蘸兑水 200 倍的生根剂，晾干后栽植。露地栽植时间为秋季 9 月上旬至 10 月上旬。

（5）栽植密度。紫斑牡丹定植 1～2 年生苗的株距为 40 厘米，行距为 55 厘米，即每公顷种植 4.5 万株。每年秋季进行隔株间苗，5 年后保留 9 000 株/公顷即可。

（6）栽植方法。栽植时，将铁锨插入地面，撬开一个宽度为 5～8 厘米、深度为 25～35 厘米的缝隙，在缝隙处放入牡丹小苗，拔出铁锨，将苗向上轻提，使根茎部稍低于地平面 1～2 厘米，踩实并使根与土壤紧密接触。栽植后，用土将栽植穴封成一个高 10～20 厘米的土埂。

（7）田间管理。

中耕　栽植后封起来的土埂，于春季结合锄地时逐渐扒平，以便于田间管理。油用牡丹生长期内需要勤锄地，目的是灭除杂草，改善土壤透气性、增温保墒。在降雨或浇水后要及时松土，松土深度视根系深浅而定。幼苗期松土应浅一些，不要伤及根系；开花前需要深锄，深度为3～5厘米；开花后要浅锄，深度为1～3厘米。

追肥　栽植后的第一年一般不追肥。第二年开始，每年追肥2次。第一次追肥在春分前后，每公顷施用氮磷钾（15-10-20）复合肥600～750千克；第二次追肥在落叶后，每公顷施用饼肥2.25～3.0吨或腐熟的厩肥15.0～22.5吨＋氮磷钾（15-10-20）复合肥600～750千克。开始结籽后，每年以3次追肥为好，即开花后再增追1次氮磷钾（15-10-20）复合肥。2年生牡丹苗的地块可采用穴施或沟施法追肥；进入结籽期的大苗可采用普施方法，将有机肥与氮磷钾（15-10-20）复合肥混合，撒施后进行浅掘松土，以确保牡丹于第二年足量开花结籽。

浇水　牡丹为肉质根，不耐潮湿，应保证排水畅通，切忌积水。但1～2年生小苗在土壤干旱时应适量浇水；在特别干旱的炎热夏季应浇小水；大苗在严重干旱的年份应浇小水；在追肥后土壤过分干旱时要浇小水。浇水可用河水、坑塘水、沟渠水，严禁用含盐、含碱量高或污染的水浇灌。可采取喷灌、滴灌、开沟渗灌等方式浇水。

清除落叶　10月下旬，叶片干枯后要及时清除，并带出牡丹田焚烧或深埋，减少来年病虫害的发生。

（8）病虫害防治。在牡丹生长期内，可视病虫害发生情况调整喷药次数，但整个生长季喷药不应少于3次。2月上中旬，喷洒20%多菌灵可湿性粉剂500倍液，喷洒时要覆盖整个地面。3月初，每公顷撒施3%辛硫磷颗粒剂150～225千克。4月中下旬，于花期前7～10天喷施波尔多液、代森锌液等。5月中下旬开始，每隔15～20天喷施1次多菌灵或甲基硫菌灵、百菌清等杀菌剂，直至9月中下旬。牡丹展叶之后，可结合病虫害防治进行叶面追肥。每15～20天喷施1次兑水400倍的磷酸二氢钾溶液或其他叶面肥料，连续喷施3～5次。

（9）整形修剪。1～2年生牡丹苗栽植时不用修剪，栽植3～4年生苗需先平茬，后栽植。定植后可视牡丹苗生长情况，在第二年秋或第三年秋进行平茬，以促植株基部多生分枝，提高开花量及产量；3年生以后的修剪主要是去除回缩枝或过密枝，根据管理水平确定每公顷的留花量，保证单株结果20～25个。整形应根据枝叶分布空间，在春季萌动时和秋末落叶后分2次进行。

（10）收获脱粒。牡丹的蓇葖果由青色变成蟹黄色时采集最佳。采收过早，种子不成熟；采收过晚，果荚开裂，种子掉落，种皮变黑、发硬，不易出苗。采集到的蓇葖果可以直接手工掰开收集种子，或将其放于阴凉、干燥处摊开，堆放高度不宜超过20厘米，并要经常翻动，促进果皮开裂，爆出种子或用剥壳机进行脱粒，然后收集种子，去杂精选种子。注意：采集到的蓇葖果切忌暴晒、切忌堆沤，自然阴干，小心霉变。

种子脱出后，继续摊晒至水分12％左右时即可将种子放于阴凉干燥处贮藏或运往加工厂加工，或将种子放到0～5℃的冷库中贮藏备用。

3. 河南油用牡丹种植技术要点

（1）品种选择。油用牡丹的种子以选择结籽量大、出油率高、适应性广、生长势强的凤丹品种为主，也可以考虑选择紫斑牡丹。

（2）选地。油用牡丹为深根性落叶灌木，喜凉畏热，喜燥恶湿，喜向阳，较耐寒，开花时忌烈日，略耐半阴，并具发达的肉质根。因此，种植时要合理选择地势和土地。地势要求高且干燥，向阳并有侧方遮阳，便于排水，土层要求深厚（超过50厘米）、疏松、肥沃，排水良好，以中性的壤土或沙质壤土为宜，pH为6.5～8.0，最忌选用生土、黏土、盐碱土及涝洼之地。另外，已栽植过牡丹的重茬地应轮作1～2年后再行种植。

（3）整地。栽植前施足底肥，每公顷施用饼肥3.75～4.5吨或腐熟的有机肥30吨＋氮磷钾（15-10-20）复合肥750千克作基肥，同时每公顷施入3％辛硫磷颗粒剂225千克和20％多菌灵可湿性粉剂75千克等作为土壤杀虫、杀菌剂。选定栽培地后，在栽植前的2～3个月进行翻耕，深翻30～50厘米后整平，整好小地块地埂，利于园地浇灌。

（4）栽植时间及苗木处理。油用牡丹栽植时间以9月下旬至11月中旬均可，不同地区最佳种植时期不同，洛阳地区10月上旬最佳。一般选择2～3年生实生苗，根茎直、无弯曲、侧根多、无病斑、芽头饱满为优良种苗，把分级好的种苗截去多余的须根，茎部以下不能少于15厘米。采用50％福美双800倍液浸泡5～10分钟，有条件的再蘸兑水200倍的生根剂，晾干后栽植。

（5）栽植密度。油用凤丹牡丹定植株行距一般为40厘米×50厘米，即每公顷栽植5万株。如果是1～2年生种苗，为有效利用土地，栽植密度可以暂定为每公顷10万株，株行距为20厘米×50厘米。1～2年后，可以隔1株挖1株，挖出的苗可用作新建油用牡丹园，也可用作观赏牡丹嫁接用砧木，剩余部分作为油用牡丹继续管理。

定植时按株行距挖穴。用宽度为20厘米的铁锹插入地面，撬开一个宽度为5～10厘米、深度为25～30厘米的缝隙，在缝隙两端各放入一株牡丹小苗。选择优质壮苗，栽前剪除根尾2～3厘米进行栽植，根伸直，埋土过半时向上提，使根颈部低于地平面2～3厘米，务必保持根部舒展，然后踩实使根与土紧密接触。栽植后按行封成高10～20厘米的土埂，以利保温保湿。然后浇灌1次透水，待渗水后扶正苗木。

（6）田间管理。

中耕　油用牡丹生长期应经常保持土壤疏松、无草状态，雨后应及时锄地松土、除草，改善土壤透气性，保持土壤不板结。每年锄地次数应在5次以上。开花前需深锄，深度可达3～5厘米，开花后要浅锄，深度控制在1～3厘米。

追肥　牡丹栽植后第一年一般不追肥。第二年开始，一般每年追3次肥为好，越冬前、开春后和花期后。第一次在春分前后追施花前肥，每公顷施用氮磷钾（15-10-20）复合肥600～750千克；第二次在5月上旬花开后追施，有利于当年种子的生长和牡丹花芽分化的进行；第三次在入冬前，施用饼肥2.25～3.0吨＋氮磷钾（15-10-20）复合肥600～750千克。追肥方法以沟施和撒施为主，施肥位置距离根系10厘米以上。施肥时应将肥料充分翻入土中，每次追肥后要合理浇水。

浇水　牡丹喜燥恶湿，浇水要以既保持土壤湿润，又不可过湿，更不能积水为原则，宁干勿湿。一年内有3次水要保证：一是春季萌动后；二是开花前后；三是越冬前。每次追肥后如土壤过干也要浇1次水。最好用河水或坑塘水，严禁用含盐碱量高和被污染的水浇灌，以免土地碱化，伤根死亡。应开沟渗浇，避免高温时浇水。在雨季来临前做好防涝工作，保证排水疏通。提倡采用滴灌、微喷等节水灌溉措施。

越冬管理　越冬前对牡丹根部封土，将修剪后的枝条及干枯枝叶片、杂草及时清理深埋，减少病虫害的发生。

（7）病虫害防治。油用牡丹主要病害有红斑病、炭疽病、灰霉病、根腐病、立枯病和锈病等，常见害虫有根结线虫、蝼蛄、蛴螬和地老虎等。初春于2月上中旬，喷洒20%多菌灵可湿性粉剂500倍液，喷洒时要覆盖整个地面。3月初，每公顷撒施3%辛硫磷颗粒剂150～225千克。4月初，在花期前7～10天喷施等量式波尔多液或代森锌液等杀菌剂。从5月中下旬开始，每隔15～20天喷施1次多菌灵或甲基硫菌灵、百菌清等杀菌剂，直至9月中下旬。在生长期内，可视病虫害发生情况调整喷药次数，但整个生长季喷药不应少于3次。

（8）整形修剪。根据定植植株大小、苗木栽植密度、生长快慢、枝条强弱在春秋季灵活进行定干和整形修剪。定植1～2年的幼苗，进行秋季平茬，剪除顶端芽体或从近地面3～5厘米处的腋芽上留1厘米平剪，以促进单株尽可能多地增加萌芽、增加分枝量，增加开花量，提高产量。定植3年以后的油用牡丹进入旺盛生长期，地上部逐渐郁闭，要优先考虑通风透光、枝条密度、开花数量，采取春季抹芽、秋季剪枝等技术，使每株留枝10条左右，保证每株结果20～25个。对多年生的植株，通过回缩修剪更新结果枝条，降低结果部位，保持整体丰产稳产。

（9）收获脱粒。当牡丹果实的大部分蓇葖果呈蟹黄色时，此时种子中的干物质与脂肪酸含量达到最高，应及时采摘。中原地区为7月下旬至8月上旬，一般用剪刀剪摘果实，避免损害枝条影响来年生长，分3批次剪摘完成。采下的果实及时晾晒，水分降至12%左右时，即可收藏或进行榨油加工等工作。

4. 河北油用牡丹栽培技术要点

（1）品种选择。以结籽量大、出油率高、适应性广、生长势强的凤丹品种为主,高海拔和高寒地区可考虑选择紫斑牡丹。

(2)选地。油用牡丹为深根性落叶灌木,好凉恶热,喜燥厌湿,耐寒喜阳,具有发达的肉质根。根据以上特性选择栽植园址应满足以下两方面要求:一方面园址位置宜地势高,排水良好,通风向阳;一方面园内以沙质壤土为好,要求土层深厚,疏松透气、土壤 pH 6.5~8.0。切忌选用低洼地、盐碱地、黏土地。

(3)整地。在栽植前 2 个月左右进行翻耕,土壤深翻30~40 厘米,清理杂草石块,每公顷施用饼肥 2.25~3.0 吨或腐熟的厩肥 15.0~22.5 吨+氮磷钾(15-10-20)复合肥 600~750 千克作底肥,同时施入 150~225 千克 3%辛硫磷颗粒剂和60~75 千克 20%多菌灵可湿性粉剂等作为土壤杀虫、杀菌剂。土壤深翻 30~40 厘米。

(4)栽植时间及苗木处理。河北省以 9 月中旬至 10 月中旬为最佳栽植时间。考虑在入冬前根系有一段恢复时间,并长出新根。一般选择 2~3 年生实生苗,根茎直、无弯曲、侧根多、无病斑、芽头饱满为优良种苗,把分级好的种苗截去多余的须根,茎部以下不能少于 15 厘米。采用 50%福美双 800 倍液浸泡 5~10 分钟,有条件的再蘸 200 倍生根剂,晾干后栽植。

(5)栽植密度。凤丹牡丹定植株行距一般为 30 厘米×60 厘米或 40 厘米×50 厘米,即 5.0 万~5.3 万株/公顷。如果是 1~2 年生种苗,为有效利用土地,栽植密度也可以达10 万株/公顷。1~2 年后,可以隔一株移除一株,移除苗可用作新建油用牡丹园,也可用作观赏牡丹嫁接砧木,剩余部分定植继续管理。紫斑牡丹定植 1~2 年生苗的株距为 40 厘米,行距为 55 厘米,即每公顷种植 4.5 万株。每年秋季进行隔株间苗，5年后保留9 000株/公顷即可。

（6）栽植方法。栽植时用宽度为30厘米的铁锨插入地面，撬开一个宽度为25～30厘米的缝隙，在缝隙两端各放入一株牡丹小苗，使根茎连接部低于地面2～3厘米，务必保持根部舒展，然后踩实使根与土壤密切接触。栽植后按行封成高10～20厘米的土堆，以利保温保墒。冬季气温低于零下15℃和在风口上的区域种植，建议第一年栽植完后，用土将牡丹苗全部覆盖，以顶芽上盖土2～3厘米为宜，越过低温天气后再将土刨开露出顶芽和侧芽以便生长。

（7）田间管理。

锄地　油用牡丹生长期内，需要勤锄地，灭除杂草，增温保墒。开花前需深锄，深度可达3～5厘米；开花后要浅锄，深度控制在1～3厘米。牡丹栽植地应保持疏松无草状态，特别是雨后应及时锄地松土、除草。

追肥　牡丹追肥以3次为好。第一次为花肥，时间在春分前后，土壤解冻后至牡丹抽芽前，每公顷施用氮磷钾（15 - 10 - 20）复合肥600～750千克；第二次为芽肥，在开花后半月内进行，每公顷施用氮磷钾（15 - 10 - 20）复合肥600～750千克；第三次为冬肥，在入冬前，每公顷施用饼肥2.25～3.0吨＋氮磷钾（15 - 10 - 20）复合肥600～750千克。

浇水　牡丹为肉质根，不耐水湿，应保证排水疏通，避免积水，一年中分别在抽芽时、开花时、越冬前浇3次为宜。不宜经常浇水，但特别干旱时仍需适量浇水。避免采用含碱、盐量高和被污染的水。

越冬管理　10月下旬叶片干枯后，及时清扫落叶，并集中深埋等处理，以减少来年病虫害的发生。

（8）病虫害防治。2月上中旬，喷洒多菌灵500倍液，喷洒时要覆盖整个地面和植株；3 月初，每公顷撒施辛硫磷颗粒剂 150～225 千克；4 月初，于花期前 7～10 天喷施 70％甲基硫菌灵 600～800 倍液；5 月下旬开始，每隔 15～20 天，喷施 1 次多菌灵或甲基硫菌灵、百菌清等杀菌剂 600～800 倍液。在整个防治过程中应做到群防群治，以防为主，同时应注意无公害农药的应用，避免高残留量农药的使用。

（9）整形修剪。根据定植植株大小、苗木栽植密度、生长快慢、枝条强弱在春秋季灵活进行定干和整形修剪。定植 1～2 年的幼苗，进行秋季平茬，剪除顶端芽体或从近地面 3～5 厘米处的腋芽上留 1 厘米平剪，以促进单株尽可能多地增加萌芽、增加分枝量，增加开花量，提高产量。定植 3 年以后的油用牡丹进入旺盛生长期，地上部逐渐郁闭，要优先考虑通风透光、枝条密度、开花数量，采取春季抹芽、秋季剪枝等技术，使每株留枝 10 条左右，保证每株结果 20～25 个。对多年生的植株，通过回缩修剪更新结果枝条，降低结果部位，保持整体丰产稳产。

（10）收获脱粒。牡丹籽在 8 月上中旬陆续成熟，牡丹果实过分成熟会崩裂使种子落地，减少采种量。当果实渐成黄色时摘下，放室内阴凉处，使种子吸收果荚内养分慢慢成熟，需经常翻动，以免发热腐烂，大约 10 日内果荚自然开裂，种子脱出或用剥壳机进行脱粒，然后收集种子，去杂精选种子。种子脱出后，继续摊晒至水分 12％左右时即可将种子放于阴凉干燥处贮藏或运往加工厂加工，或将种子放到 0～5℃的冷库中贮藏备用。

5. 安徽油用牡丹栽培技术要点

（1）品种选择。安徽是凤丹牡丹的起源地，选凤丹牡丹做油用牡丹品种是最佳选择。

（2）选地。凤丹牡丹喜温暖气候，对土壤要求不严，但以土层深厚、疏松肥沃、富含有机质的沙壤土为好。宜选择地势高、排水良好的田块种植。黏重土和盐碱地不宜种植。

（3）整地与施肥。栽培油用牡丹需精耕细作。结合整地，施足基肥，每公顷施土杂肥45吨、饼肥750千克、氮磷钾（15-10-20）复合肥750千克。然后作畦，待播种。

（4）定栽时间和密度。牡丹苗移栽一般在白露至秋分之间。一般选择2～3年生实生苗，根茎直、无弯曲、侧根多、无病斑、芽头饱满为优良种苗，把分级好的种苗截去多余的须根，茎部以下不能少于15厘米。采用50%福美双800倍液浸泡5～10分钟，有条件的再蘸兑水200倍的生根剂，晾干后栽植。

移栽前先在整好的畦面上挖穴，然后将一年生的牡丹苗定植在穴内，浇水保墒，以利成活。株行距为30厘米×60厘米，每公顷定植5.6万株。栽植时要使牡丹的根系舒展，根茎部低于地面1～2厘米，并踩实使根土结合紧密。

（5）田间管理。牡丹栽植后，应注意中耕除草。干旱天气注意浇水，连雨天气及时排水。牡丹生产周期较长，应于每年的冬季追肥1次，每公顷追施人粪尿45吨＋氮磷钾（15-10-20）复合肥750千克。牡丹于移栽后第二年开始现蕾开花结籽。10月下旬叶片干枯后，及时清扫落叶，并集中深埋等处理，以减少来年病虫害的发生。

（6）病虫害防治。在安徽，牡丹主要病害有立枯病和叶斑病。常见害虫有根结线虫、蝼蛄、蛴螬和地老虎等。初春于2月上旬，喷洒20%多菌灵可湿性粉剂500倍液，喷洒时要覆盖整个地面。3月初，每公顷撒施3%辛硫磷颗粒剂150～225千克。4月初，在花期前7～10天喷施等量式波尔多液或代森锌液等杀菌剂。从 5 月中旬开始,每隔 15~20 天喷施 1 次多菌灵或甲基硫菌灵、百菌清等杀菌剂,直至 9 月中下旬。在生长期内,可视病虫害发生情况调整喷药次数。

(7) 整形修剪。根据定植植株大小、苗木栽植密度、生长快慢、枝条强弱在春秋季灵活进行定干和整形修剪。定植 1~2 年的幼苗,进行秋季平茬,剪除顶端芽体或从近地面 3~5 厘米处的腋芽上留 1 厘米平剪,以促进单株尽可能多地增加萌芽、增加分枝量,增加开花量,提高产量。定植 3 年以后的油用牡丹进入旺盛生长期,地上部逐渐郁闭,要优先考虑通风透光、枝条密度、开花数量,采取春季抹芽、秋季剪枝等技术,使每株留枝 10 条左右,保证每株结果 20~25 个。对多年生的植株,通过回缩修剪更新结果枝条,降低结果部位,保持整体丰产稳产。

(8) 收获脱粒。一般在 8 月中旬左右,牡丹籽陆续成熟。最初种子为白色,接近成熟时为咖啡色,老熟时呈黑色。当牡丹的蓇葖果由青色变成蟹黄色时采集最佳。采集到的蓇葖果可以直接手工掰开收集种子,或将其放于阴凉、干燥处摊开,堆放高度不宜超过 20 厘米,并要经常翻动,促进果皮开裂、爆出种子或用剥壳机进行脱粒,然后收集种子,去杂精选种子。注意:采集到的蓇葖果切忌暴晒、切忌堆沤,自然阴干,小心霉变。

种子脱出后,继续摊晒至水分 12% 左右时即可将种子放于阴凉干燥处贮藏或运往加工厂加工,或将种子放到 0~5℃ 的冷库中贮藏备用。

三、东北地区油用牡丹栽培技术

(一) 东北地区的主要气候特点

东北地区包括黑龙江、吉林和辽宁三省及内蒙古自治区大部。该地区的特点是地形差异较大，山地和丘陵较多，气候寒冷。黑龙江、吉林两省是我国最北部的省份，冬季漫长、寒冷，夏季短促，最西北部无夏季，年平均气温由西北往南从−3～5℃增至4～7℃，7月、8月、9月3个月气温适中，为该区作物生产的主要时期。辽宁省气候相对较温暖，夏季温暖多雨，春季短促多风，年平均气温从东北向西南由5℃增至10℃，8月、9月、10月3个月为作物主要生长时期，而且这几个月的光照资源比较丰富，各月日照时数都在200小时以上。

由于该地区气候严寒，很多牡丹品种难于耐受严寒，不能安全越冬，因此需要采取防寒措施，协助牡丹植株度过寒冬。经过尝试，采用合适的耐寒品种和配套栽培技术，彻底打破了"牡丹不出关"的神话，比较有名的牡丹园有：长春市牡丹园和本溪市牡丹园。经过多年研究和实践，油用牡丹该区拟以紫斑牡丹抗寒品种为主，在辽宁大连地区可以适当采用凤丹栽培。尽管如此，目前东北油用牡丹尚处于技术研发和示范阶段。

（二）东北地区（辽宁）油用牡丹高产栽培技术要点

（1）品种选择。辽宁省冬季气候寒冷，除大连地区外，其他地区凤丹牡丹难于越冬，因此，首选品种是产籽高的紫斑牡丹品种。

（2）选地。选择背风向阳的丘陵地块，排水良好的高燥地，以沙质壤土为好，并配有灌溉条件。土壤适宜pH为6.5～8.0。

（3）整地。于8月底之前在选定的地块中每公顷普施腐熟鸡粪或饼肥2.25～3.0吨作基肥。采用3%毒死蜱颗粒剂30～60千克/公顷，掺2～3倍的细沙拌匀，制成毒土均匀撒施，防治地下害虫。然后精细耕耙，依地形地势做成高为 10 厘米、宽行为 100 厘米的垄，便于后期灌水、除草等管理。

（4）栽植时间和栽植密度。9 月下旬至 10 月，一般选择 3 年生紫斑牡丹苗，每公顷栽植 2.7 万～3.0 万株。每年秋季进行隔株间苗，3 年后保留 9 750 株/公顷即可。

（5）苗木处理。一般选择 2～3 年生实生苗，根茎直、无弯曲、侧根多、无病斑、芽头饱满为优良种苗，把分级好的种苗截去多余的须根，茎部以下不能少于 15 厘米。采用 800 倍福美双浸泡 5～10 分钟，有条件的再蘸兑水 200 倍的生根剂，晾干后栽植。

（6）栽植方法。根据牡丹根的长短决定栽植穴的大小及深度，一般穴的大小要保证牡丹根充分伸展，深度比原植株的根深 20 厘米。栽植时使根系在穴中均匀分布，自然舒展，不可卷曲在一起。填土时先用表土将根系基本掩埋，然后将苗木轻轻抖动向上提，以使根系与土壤充分接合，同时确定栽植深度（栽植深度要求原根颈处低于地面 3 厘米左右），先踩实第一遍，然后填满土再踩实，表面覆虚土。栽植后截秆，地上部留高约 5 厘米。

（7）田间管理。

除草　一般开花前除草 2～3 次，开花后直到秋季每月除草 1～2 次。每次下雨或灌水后，待土壤略干，锄地松土，做到"有草必除，无草也松土"。

施肥　紫斑牡丹较喜肥，栽植后第二年开始，每年应穴施或沟施肥料 3 次：一是在早春发芽后；二是在花谢之后；三是在入冬前。前 2 次以速效肥为主，每公顷施用氮磷钾（15 - 10 -20）复合肥 1 200 千克，后 1 次以腐熟堆肥为主，每公顷施用农家肥 22.5 吨＋氮磷钾（15 - 10 - 20）复合肥 750 千克。

浇水　根据天气及土壤墒情浇水，保持土壤湿润，不可过湿，更不能积水。入冬前浇透越冬水。

抹芽、除蕾　枝条芽长到 3 厘米左右时，每枝上选留1～2 个生长健壮的芽，其余全部抹去。根茎处萌发出的芽长至 5 厘米左右时，根据植株的生长状况，保留 1～2 个生长健壮、充实且分布合理的芽，其余全部剪掉。花蕾现色时，根据植株大小和枝条多少决定保留花蕾数量，新栽植的苗木一般要求2～3 个枝条留 1 个花蕾，其余全部抹掉，以保证植物的营养生长。

开花后的管理　花谢后及时剪掉残花，以利于根部生长。花后及时施 1 次肥，以无机肥为主。7 月上旬高温高湿，紫斑牡丹容易感染炭疽病、褐斑病、白粉病和灰霉病，每隔 10～15 天喷 1 次 500～700 倍的百菌清或多菌灵进行预防。

（8）整形修剪及防寒越冬。新移栽的牡丹不耐寒，入冬前铺单层玉米秸秆，秸秆间距 10 厘米。玉米秸秆可以将雪保留在地面，不被风吹走。这层积雪不仅起到保温的作用，还能给牡丹提供水分。定植后的紫斑牡丹苗生长 2～3 年后，基本进入稳定生长期。每年冬季剪去枯枝、老枝、冗余小枝。

（9）收获脱粒。紫斑牡丹定植 3～5 年后，辽宁每年 8 月中下旬当牡丹的蓇葖果由青色变成蟹黄色时采集最佳。采集到的蓇葖果可以直接手工掰开收集种子，或将其放于阴凉、干燥处摊开，堆放高度不宜超过 20 厘米，并要经常翻动，促进果皮开裂，爆出种子或用剥壳机进行脱粒，然后收集种子，去杂精选种子。注意：采集到的蓇葖果切忌暴晒、切忌堆沤，自然阴干，小心霉变。

种子脱出后，继续摊晒至水分 12% 左右时即可将种子放于阴凉干燥处贮藏或运往加工厂加工，或将种子放到 0～5℃

的冷库中贮藏备用。

第四节 油用牡丹与其他作物的高效种植模式

油用牡丹进入盛果期前一般没有收成，为了提高种植效益，在不影响牡丹生长和田间管理的前提下，提倡油用牡丹与其他作物进行间作套种，其好处有四：一可以提高经济效益，二能帮助牡丹适当遮挡强光辐射的危害，三有助于抑制田间杂草的滋生，四有些作物能提供牡丹生长的一些营养。为此，各地根据实际情况，创造了油用牡丹与其他作物的高效种植模式。

一、间作套种原则

（1）应尽量避开高秆和匍匐型作物，如玉米、甘薯、红花等，以直立的矮秆作物为最好。

（2）应尽量避开易发生根结线虫的作物，如山药、花生等。

（3）所选套种作物旺盛生长期应尽量避开牡丹的旺盛生长期，以便合理调配它们之间的营养时空关系。

二、间作套种模式与方法

目前油用牡丹可供选用的间作套种模式有以下 5 种：一是与中药材间套种，一般可选择白术、生地、丹参、板蓝根、知母、天南星、桔梗等；二是与蔬菜间套种，如马铃薯、朝天椒、菠菜、油菜、大蒜、洋葱等蔬菜；三是与豆类、芝麻等粮油作物间套作，一般可选芝麻、大豆、绿豆、红小豆等；四是与绿化苗木间套种，如紫叶李、碧桃、海棠、樱花、红叶石楠、百日红等绿化苗木间作套种，3年后卖苗。五是与其他经济林的立体种植，如与薄壳山核桃、桃、香椿等经济林进行立体种植，提高其综合经济效益和生态效益。

三、油用牡丹间作套种应注意事项

（1）牡丹（行距一般为60～80厘米）栽植后第一年条播或穴播间套作物时，可视其株型大小，播种1～2行，最多3行；第二、第三年随着牡丹树冠的逐年增大，应适当减少播种行数。适于撒播的间套作物，一般要隔行撒播，留出操作行，撒播时应离开牡丹根部10～15厘米。

（2）在对套种的各种中药材进行中耕除草、施肥浇水、病虫害防治等各项田间管理工作时，都要与牡丹的田间管理相结合，一体化进行。

（3）间套中药材等作物，有的不能连作，如白术、玄参等，注意换茬。

（4）在进行套种栽植、田间管理、收获等农艺操作时，不要伤害到牡丹的根和茎，尤其是芽，确保牡丹的健壮生长。

（5）在进行田间综合管理时，务必选择对牡丹无伤害的药剂、肥料品种，尽量少用除草剂。

四、几种间套种模式的技术要点

1. 牡丹套种豆类作物（红小豆、绿豆、大豆等）

（1）选用优良品种。选用品质好，颗粒大小适中，色泽好，剔除病粒、虫口粒、杂色粒及破碎粒，使发芽率达90%以上。

（2）适期播种。在播种前要细致整地，深浅一致，地平土碎。播期在 5 月上中旬，播前药剂拌种，晒种。

（3）合理密植。每两行牡丹之间，种一行豆类作物。采用穴播，行距 60 厘米，穴距 15 厘米、深 3～5 厘米，每穴 3～4 粒种子，播种后覆土。

（4）田间管理。早定苗，播后 7～10 天，苗展开 2～3 片真叶时定苗，及时中耕除草。

（5）防治病虫害。在豆类作物开花期和结荚期，豆荚螟和食心虫有可能发生，可用高效低毒农药敌杀死进行防治。

（6）适时灌溉。在现蕾初期追肥，有灌水条件的地块遇旱时灌好丰产水。

（7）适时收获。适时采收，以减少损失。

2. 牡丹套种马铃薯

（1）栽植时间。2 月底到 3 月上旬播种。

（2）栽植密度。株行距 20 厘米×60 厘米，每两行牡丹之间可套种 1 行马铃薯，每公顷保持密度在 6.0 万～6.75 万株为宜。

（3）田间管理。春季播种后，田间管理的原则是"先蹲后促"，即：显蕾前，尽量不浇水，以防地上部疯长，显蕾以后，浇水施肥，促进地下部分生长。一般 4 月上中旬进行中耕追肥，每公顷可追尿素 225 千克，施入沟内，4 月下旬至 5 月初进行培土、浇水，5 月中旬进行第二次培土和浇水，以后根据墒情进行浇水，以保持土壤湿润，地皮见干、见湿为宜，收获前 10 天不浇水，以防田间烂薯。

（4）病虫害防治。马铃薯的病害主要是晚疫病，防治措施，首先，严格检疫，不从病区调种；第二，要做好种薯处理，实行整薯整种，需要切块的，要注意切刀消毒；第三，在生长期，晚疫病可用 50％的代森锰锌可湿性粉剂 1 000 倍液或

25％瑞毒霉可湿性粉剂 800 倍液进行防治，每 7 天 1 次，连喷 3～4 次。马铃薯虫害：蚜虫防治用 40％氧化乐果 800 倍液或 10％吡虫啉可湿性粉剂 1 000 倍进行防治。

3. 牡丹套种朝天椒

（1）朝天椒育苗。育苗前晒种 2～3 天，然后贮藏在通风处，播前用 50～55℃水烫种消毒 15～20 分钟，再用 20～30℃水浸种 12～24 小时，用纱布将种子包好，放在 28～30℃条件下催芽 75 小时，种芽露尖即可播种。3 月中下旬地温达 8℃以上时即可播种。播前用喷壶浇水，水渗干后将催好芽的种子均匀地撒在畦内，每平方米苗床播 10～12 克种子，用筛子再盖 8～10 毫米细土，而后浇透 20％多菌灵可湿性粉剂 800～1 000 倍液，水渗下后盖上白地膜。

（2）朝天椒苗床管理。前期注意保温防寒，扣小拱棚，四周底脚挂 1 米高双膜进行保温，后期白天及时放风降温。2 叶 1 心期和 4 叶 1 心期间苗 2 次，每 3.3 平方厘米留 1 棵，并结合间苗拔除杂草。移栽前 10～15 天，揭膜放风炼苗，起苗前 1～2 天浇 1 次透水。当株高 15～20 厘米、8～10 片叶即可移栽。

（3）栽植。5 月中旬移栽，每两行牡丹之间套种 1 行朝天椒，每穴 3～4 棵，穴距 20 厘米。移栽后覆膜，比常规栽培增产 30％以上。

（4）田间管理。栽后经常检查地膜，发现破损或被风刮起，及时盖土封严。缓苗后及时摘心打尖，掌握肥打瘦不打、涝打旱不打、高打低不打的打顶原则。拔除苗眼中及垄沟内的杂草，及时追肥浇水。于下霜前 1～2 天收获。

4. 牡丹套种花灌木（海棠、紫叶李、碧桃等）

（1）栽植。以早春萌芽前或初冬落叶后栽植为宜，栽前施入腐熟的有机肥。出圃时保持苗木完整的根系是成活的关键。小苗要根据情况留宿土。

（2）肥水管理。每年秋季落叶后在其根际挖沟施入腐熟有机肥，覆土后浇透水。成株浇水不宜多，水多易产生黄叶。一般春季浇 2～3 次水，夏秋季节浇 1～2 次水，入冬时再浇 1 次水。

（3）整形修剪。栽植时，根据市场需要，在苗高 80～100 厘米处截秆，培养成骨干枝。在当年落叶后至第 2 年早春萌芽前进行 1 次修剪，修剪过密枝、内向枝、重叠枝，剪除病虫枝，以保持树体疏散，通风透光，树冠圆整。

（4）病虫害防治。注意防治红蜘蛛、蚜虫、介壳虫、天牛等害虫的为害。

5. 牡丹套种白术

（1）栽植时间。在 10～11 月或春季 3 月。

（2）栽植密度。行株距 25 厘米×10 厘米，中间根据牡丹的株行距可套种 2～3 行白术。

（3）栽植技术。一般用种芽栽植。栽植深度 5～6 厘米，采用条播或穴播种植，种芽用量为 750～900 千克/公顷。

（4）田间管理。结合牡丹田间管理及时做好除草工作。

（5）采收加工。采收期在当年 10 月下旬至 11 月上旬，茎秆由绿色转枯黄，上部叶已硬化，叶片容易折断时采收。晾晒 15～20 天，晾晒过程中经常翻动。

第五章　油用牡丹病虫害防治

第一节　油用牡丹成活率的影响因素

影响油用牡丹栽植成活率的原因有多种，但只要栽植时按规范操作，进行科学种植和管理，就能提高栽植成活率。影响油用牡丹栽植成活率的具体因素有：

1. 选地不当

油用牡丹是肉质深根系植物，在选地时应选向阳、地势高燥、排水良好的地块，以沙质壤土为好，要求土壤疏松透气、排水良好，适宜 pH6.5～8.0，严禁在低洼、盐碱地块种植牡丹。如果地块选择不当，比如窑厂复垦地、沉降地、盐碱地、黏土地等，都会导致栽植幼苗发芽后枯死，降低成活率。

2. 栽植时间晚

最佳栽植时间为 9 月中旬至 10 月中旬。如果在 10 月下旬或 11 月上旬栽植，因地温低，未发新根，致使次年成活率很低。

3. 栽植质量差

栽植时土壤非常疏松，栽后踏实是关键。如果种植不精细，未踏实，致使苗木不能与土壤紧密接触，长期失水并受冻害，会严重影响成活率。

4. 苗木质量差

要想提高栽植成活率，一定要选 1～2 年生健壮的一级或二级苗。1年生一级苗，总长≥20厘米，根茎≥0.5厘米；二级苗总长≥16厘米，根茎≥0.4厘米。2年生苗顶芽及根茎完整，根茎≥0.8厘米。如果买苗把关不严，一级苗混有次苗，甚至有感染根腐病等的病苗，会导致次年成活率低或发芽后植株枯死。

5. 苗木放置时间过长

起苗后立即栽植成活率最高，但个别地块因未及时整地，或因水浇后无法整地，或因土地复垦慢等原因，致使从起苗、运输、到种植耗时近30天，苗木失水严重，病菌滋生，致使次年成活率极低。

6. 苗木未剪根

苗木栽植前应当剪去根部末梢1～2厘米，造成小伤口，便于此处愈伤组织形成，促进细根的形成，利于成活。如果直接栽植，反而会因为不能快速形成细根，导致成活率偏低。

7. 苗木未消毒

栽植前用50％福美双800倍液或者50％多菌灵800～1 000倍液浸泡苗木5～10分钟，晾干后栽植。如果苗木未消毒，会因苗木带菌导致次年枯萎病严重，成活率极低。

8. 过度干旱

油用牡丹虽然肉质根耐旱，但也不能过度干旱。如果春季天气干旱，新栽牡丹地未及时浇水，不利发新根，会导致牡丹苗发芽后枯死，影响成活率。

9. 枯萎病严重

新栽植的油用牡丹因处于缓苗期，生长较弱，易于感病，因此枯萎病较重。如果未及时防治，会导致牡丹植株枯萎落叶而死。

第二节 油用牡丹主要病虫害 及其防治措施

一、主要病害及其防治措施

1. 红斑病

红斑病又称褐斑病，主要为害叶片，也可为害茎和叶柄等。在叶片上表现为：暗红色圆形至不规则形病斑，有的是中间灰色，边缘为暗红色。发病后期，在叶片的正面会出现许多黑色小点，为病原菌的子实体。病菌大多在枯叶上越冬，第二年春天开始活动侵染植株，一般 7～8 月进入发病盛期，在高温、多雨的季节发病率较高。

防治措施：（1）选择健壮无病害的植株进行栽植，喷施叶面肥，以增强植株的抗病能力；（2）早春发病前，喷洒 3～5 波美度石硫合剂；（3）发病后，要及时摘除病叶，并在受病植株的叶面前后均喷洒 20％多菌灵可湿性粉剂 500 倍液；（4）发病严重时，可施用 80％代森锌，以防止病害蔓延。

2. 灰霉病

灰霉病是一种发生普遍、为害严重的病害，发病期长，对幼嫩植株为害严重，主要为害叶片。受害时茎部出现褐色水渍状病斑，有时病斑具有不规则的轮纹，在天气潮湿的条件下，发病部位可产生灰色霉层。

防治方法：及时清除病叶和病株并集中烧毁；生长季节可用 70％甲基硫菌灵 1 000 倍液，或 50％多菌灵 600 倍液，每隔 10～15 天喷 1 次，连喷 2～3 次。

3. 炭疽病

炭疽病在河南发病较重，主要为害牡丹的叶、茎等部位，常使叶片枯斑连片，幼嫩枝条枯死。在天气潮湿情况下，病斑上的黑点出现红褐色黏孢子团，病茎有扭曲现象，病重时会折断病株。一般4月下旬发病，8～9月为发病盛期，高温、多雨天气易诱发。

防治方法：保持植株通风透光，避免高温多湿。发病初期喷70％炭疽福美500倍液，或1％等量式波尔多液，或65％代森锌500倍液，每10～15天喷1次，共喷2～3次。

4. 立枯病

主要为害幼苗的颈部及根基部。病原主要为立枯丝核菌，病菌从根部侵入，使根部腐烂，发病植株立枯。发病初期为淡褐色，后期渐变成暗褐色，但植株发病过程不倒伏。受害严重时，根部成黑褐色腐烂。

防治措施：（1）发现病株，应立即拔除，带离地块。（2）对于发病的地块，可用福美双可湿性粉剂或甲霜恶霉灵药剂进行叶面喷洒。防治时间一般在3月下旬至4月上旬。

5. 根腐病

属于真菌性病害，由于根部腐烂，致使植株吸水、吸肥等功能减弱，最终使整个植株死亡。土壤温度低、湿度高时易发病，发病时整个植株叶片发黄、枯萎。3月上旬地温开始回升，病原菌在3月中下旬开始活动，侵入根部，早期植株病症不明显，5月为发病盛期，随着植株根部腐烂程度的加剧，植株吸水、吸肥等各项功能的减弱，叶片表现出发黄、枯萎的症状。进入10月，病原菌的侵入基本停止。

防治措施：（1）选择生长旺盛、健壮的植株进行栽植；（2）将病株挖出烧毁，并在栽植穴内撒一些硫黄粉或石灰进行土壤消毒；（3）施用腐熟的有机肥；（4）发病时，可用40％福美双进行灌根，或65％代森锌1 000倍液灌根。

6. 紫纹羽病

一种真菌病害，发病部位在根颈及根部，受害初期为褐色，以后慢慢变为黑色。患病后，老根腐烂，新根不生，严重时整株枯死。土壤潮湿或施肥不当时最易发病。

防治方法：加强土、肥、水管理，施用肥料时要充分腐熟，避免肥料直接触及根部。移栽苗木时，可用 0.1％的硫酸铜溶液浸泡根部 3 小时，或用石灰水浸泡 30 分钟，然后用清水洗净再进行栽植。发现病株后，可及时挖出烧掉。发病初期可用 65％代森锌 1 000 倍液浇灌根部，或用 70％甲基硫菌灵 1 000 倍液喷洒。

7. 根结线虫病

根结线虫是牡丹根系最重要的虫害，在牡丹的细根上产生很多的小根结，使根功能受到严重为害，致使其吸水、吸肥等能力下降，导致植株地上部分生长受阻，植株表现为柔弱、矮小，有的甚至枯死，严重影响牡丹的生长和开花。油用牡丹根结线虫常常以雌虫和卵随病残体在根部越冬，第二年春天，随着气温的逐渐回升，初次侵染牡丹新生营养根，主要越冬卵开始孵化二龄幼虫。二龄幼虫在土壤中移动找根，侵染牡丹的营养根，致使牡丹产生根结线虫病害。

防治方法：（1）栽植健壮无病害的幼苗；（2）发现病株立即拔除并烧毁，以防来年新生；（3）每公顷用 3％毒死蜱颗粒剂 30～60 千克撒施土壤，进行土壤消毒；或穴施、撒施于深 10 厘米左右的土层中防治蛆、蛴螬、地老虎等地下害虫。

二、主要虫害及其防治措施

1. 红蜘蛛

是牡丹常见虫害之一，虫体小，不到 1 毫米，为害植株的叶片，使植株的叶绿素受到破坏，被害叶片呈灰黄色斑块，受害后叶片先枯黄，再脱落。

防治方法：发现叶片有灰黄色斑点时，将病叶及时摘除。虫害严重时，可喷施 40％氧化乐果 1 200～1 500 倍液。

2. 美洲斑潜蝇

美洲斑潜蝇其成虫、幼虫均可为害油用牡丹，但以幼虫为害为重。成虫产卵和取食均以产卵器在叶面上刺成许多刺伤点，影响叶片正常发育；幼虫潜在叶内为害，取食叶肉，残留上、下表皮，在叶面上造成蛇形潜道，并在潜道内残留虫粪。初孵幼虫取食量小，虫道既短又细，不易被发现。随着虫体增长，食量增加，潜道加宽，并可见黑色排粪线排于潜道两侧。一片叶内常常有多头幼虫为害，因此叶面上呈现紧密盘绕的虫道。由于叶肉组织受到破坏，导致植株生长受到抑制，叶片枯黄脱落，严重时整株枯死。

防治方法：清洁牡丹园，及时清理残枝落叶，摘除受害叶，清除园边杂草，并及时深埋或烧毁，恶化害虫生存条件，减少或消灭虫源。采用高效、低毒、低残留的农药进行药剂防治，如 48％乐斯本、4.5％高效氯氰菊酯、1.8％虫螨克、20％斑潜净等药剂对美洲斑潜蝇均有较好的防治效果。几种农药交替使用，防止害虫产生抗性。

3. 金龟子

幼虫称蛴螬，为害植株的地下部分、种子或幼苗等。一般在旱地多有发生，植株受害后，开始萎蔫，进而生长迟缓，最后严重的将干枯死亡。

防治方法：（1）人工捕杀，在植株根部周围可捕捉到潜伏的幼虫（效率过低，对小面积不严重的地块可采用）；（2）药物防治，发现幼虫为害时，可用辛硫磷灌根或喷施氧化乐果；（3）可采用毒饵诱杀，用乐斯本乳油，或辛硫磷乳油拌入煮至半熟或炒香的饵料（麦麸、豆粕等）作毒饵，傍晚均匀撒施。

第六章 油用牡丹组织培养

第一节 油用牡丹组织培养存在的问题

当前，尽管油用牡丹组织培养技术有了一定进步，但还没有形成较为完善的技术体系，使其实现规模化生产。主要原因如下：

1. 培养材料污染率高

油用牡丹的各种外植体因含有大量的内生菌且部分外植体灭菌困难，而导致外植体灭菌不彻底，使得在培养过程中培养物污染率高、成活率低。

2. 外植体褐变现象严重，丛生芽分化困难

油用牡丹组织培养过程中，通常都会发生褐变现象，尤其是紫斑牡丹，其褐变程度比其他品种的牡丹高很多。褐变现象一方面会抑制外植体与继代植株的正常生长与分化增殖，另一方面会抑制愈伤诱导、增殖及分化。愈伤组织在增殖、分化阶段褐变严重，再加上愈伤组织分化系数较低，从而使愈伤组织不易分化成不定芽，愈伤组织形成丛生芽的分化率很低。

3. 组培苗易出现玻璃化现象

紫斑牡丹组培苗常常会出现叶柄粗壮、叶片肥厚呈半透明状等玻璃化苗症状。由于玻璃化苗的分化能力较低，难以使植株增殖，造成组培苗的生根率降低，成苗率下降。

4. 组培苗生根困难

当前，制约紫斑牡丹离体快繁体系建立的最大瓶颈是组培苗生根困难。具体体现在组培苗生根率低，很多品种难于获得生根苗；组培苗的生根质量差，少数不定根由愈伤组织产生，这使得根与茎中间产生了隔离层，致使根茎输导组织连接不通，而且不定根容易发生脱落，从而影响移栽成活率。

5. 组培苗移栽成活率低

移栽过程中组培苗容易断根，且移栽阶段容易感染病毒，使组培苗大量死亡。因此，探索适宜的培养条件，以提高组培苗不定根的质量及其适应环境的能力，从而提高移栽后组培苗的成活率十分迫切。

第二节　油用牡丹组织培养技术体系

一、凤丹牡丹组织培养技术体系

1. 培养组织的采集

采集凤丹牡丹健壮、无病的饱满芽、鳞芽或根蘖芽均可。

2. 外植体选择和消毒处理

（1）清洗。对选取的鳞芽或根蘖芽，用毛笔蘸洗衣粉水刷洗表面灰尘，再用流水冲洗 $2\sim4$ 小时。

（2）消毒。用 75% 酒精消毒 30 秒，再用 0.1% 升汞消毒 8 分钟，无菌水冲洗 $3\sim5$ 次。

（3）褐化防治。将消毒后的外植体接种到添加了 3 毫克/升硝酸银的 MS 基本培养基（不添加任何激素）上，可以降低褐化率。通过低温结合硝酸银的处理，可有效解决外植体褐化问题，优化凤丹牡丹快繁体系。

（4）初代诱导培养。培养基配方：MS＋6－BA 1.0 毫克/

升＋NAA 0.2毫克/升。培养箱光照强度 1 500～2 000 勒克斯，光照时间 16 小时光照/8 小时黑暗，温度（20±3）℃，空气相对湿度 70%±5%。

（5）继代增殖培养基配方。MS＋6 - BA 1.0 毫克/升＋NAA 0.2 毫克/升＋PIC（毒莠定，Picloram）1.0 毫克/升。培养箱光照强度 500～2 000 勒克斯，光照时间 16 小时光照/8 小时黑暗，温度（20±3）℃，空气相对湿度 70%±5%。

（6）生根培养。取株高 2 厘米左右的增殖芽在 MS 基本培养基中培养 25 天后，再置于生根培养基中。生根培养基配方为：1/2 MS＋$CaCl_2$ 220 毫克/升＋IBA 3.0 毫克/升＋NAA 0.5 毫克/升。培养箱光照强度 1 500～2 000 勒克斯，光照时间 16 小时光照/8 小时黑暗，温度（20±3）℃，空气相对湿度 70%±5%。

二、紫斑牡丹组织培养技术体系

1. 紫斑牡丹种胚的准备

选取纯度高，籽粒饱满、完整、整齐一致的种子，提前置于 4℃冰箱中低温预处理 45 天。选出种子用流水冲洗 2 小时，接着用 GA_3 处理 1～3 天以打破休眠。将处理好的种子放入超净工作台中，用 75%酒精浸泡 30 秒、无菌水冲洗 2 次；再用 0.1%升汞处理 10 分钟，无菌水冲洗 6 次，然后将种子切成两半，从中取出离体胚，接种到培养基上。

2. 初代培养

取出种胚接入初代培养基 2 天后，子叶张开，6 天时胚根端变为黄绿色，子叶顶端为红色，以后胚逐渐膨大变绿。20 天时开始自胚轴和子叶形成浅黄绿色的疏松愈伤组织。40 天时自子叶和胚轴上非愈伤组织处直接分化出不定芽，愈伤组织上也能分化出不定芽。培养基配方为 1/2 MS＋6－BA 1.0 毫克/升＋IAA 1.0 毫克/升。培养箱光照强度 1 500～2 000 勒克斯，光照时间 16 小时光照/8 小时黑暗，温度（20±3）℃，空气相对湿度 70%±5%。

3. 增殖培养

将分化的不定芽接入增殖培养基中，12 天后愈伤组织开始形成，18 天后逐渐从不定芽基部长出侧芽，愈伤组织上也能分化新芽，40 天时平均增殖倍数为 6.5，再过 15 天后即可长成数个成形叶片。培养基配方为 1/2 MS＋6－BA 1.0 毫克/升＋IAA 0.2 毫克/升。培养箱光照强度 1 500～2 000 勒克斯，光照时间 16 小时光照/8 小时黑暗，温度（20±3）℃，空气相对湿度 70%±5%。

4. 生根培养

将芽丛分切成单芽接入生根培养基中，20 天后自基部开始形成愈伤组织，上有白色小突起并逐渐分化成根，30 天时生根率可达 90% 以上。炼苗 5 天后洗去根部培养基栽入沙床中继续培养成苗。培养基为 1/2 MS＋IAA 0.2 毫克/升。培养箱光照强度 1 500～2 000 勒克斯，光照时间 16 小时光照/8 小时黑暗，温度（20±3）℃，空气相对湿度 70%±5%。

第七章 油用牡丹的发展前景

第一节 我国油用牡丹产业发展概况

牡丹属于多年生小灌木，为我国所特有，其寿命可达 100 年，盛果期 40 年左右。油用牡丹主要包括紫斑牡丹和凤丹牡丹。紫斑牡丹品种耐旱、耐寒、耐贫瘠，具有产籽量高、含油率高、油品质高、种植成本低等"三高一低"的特点，可以在林下、荒山、河滩种植，是集观赏价值、药用价值和油用价值于一身的重要经济生态树种。油用牡丹集一、二、三产业于一体，种植、加工、观赏能形成多个产业群，经济效益、生态效益和社会效益显著，符合现阶段我国特色农业发展目标和打造旅游休闲城镇的要求，对于调整我国农业种植结构、改善生态环境、推进精准扶贫、建设美丽乡村等都具有十分重要的意义。

（一）油用牡丹特点

1. 高产出、高含油率

油用牡丹定植 5 年每公顷可产籽 3 750～7 500 千克，是国产大豆的 1 倍多，即使是荒山或林下种植产量也与大豆相当；油用牡丹每公顷产籽出油 600～1 500 千克，含油率 22%，高于国产大豆。同时每公顷可产 750 千克左右干花粉和大量牡丹花瓣。可以说油用牡丹全身是宝，附加值高。大力发展油用牡丹对解决我国食用油安全问题更具优势。

2. 油品质高

2011 年 3 月，卫生部批准牡丹籽油为新资源食品。牡丹油不饱和脂肪酸含量高达 92.26％，其中 α-亚麻酸含量 43.18％（是大豆油的 6 倍），油酸含量 21.93％，亚油酸含量 27.15％。同时牡丹籽油还含有丹皮酚、芍药皂苷、牡丹多糖、岩藻甾醇、角鲨烯等营养物质，多项指标均超过橄榄油，是优质食用油。

3. 低投入

油用牡丹一次种植可以 30～50 年不换茬，除前 3～4 年需锄草、施肥外，基本不需要其他的人工管护，极大地节省了人力、物力和财力。而且其生长适应性强，能有效绿化荒山荒坡，减少水土流失，美化环境。

（二）国家对油用牡丹产业的扶持及相关政策

我国食用油市场需求巨大，自给率不足 40％，年均缺口在 60％以上，是世界上食用油严重缺乏的国家。据海关统计，2014 年我国进口各类油料合计 7 751.8 万吨，进口植物油总量为 787.3 万吨，合计年度食用油需求总量为 3 167.4 万吨。随着人口增加和人们生活水平的提高，我国食用油消费持续增长，特别是具有保健作用的新型植物油需求将更加旺盛。为满足我国食用油市场需求，习近平总书记、李克强总理等国家领导人相继对油用牡丹产业发展做出了重要批示，国家已将河南和山东列入油用牡丹产业发展试点，2012 年开始将连续 3 年每年支持河南省油用牡丹产业发展 1 000 万元，河南省财政每年配套 400 万元，这些资金将主要用于资源培育示范和加工设备研制。中共中央、国务院站在保障我国粮油安全、促进农民增收的战略高度，做出了大力发展木本油料产业的重大决策，并制定了相关产业发展扶持政策。

1. 国务院办公厅《关于加快木本油料产业发展的意见》

2015 年 1 月 13 日，国务院办公厅印发《关于加快木本油料产业发展的意见》（国办发〔2014〕68 号），部署加快国家木本油料产业发展，大力增加健康优质食用植物油供给，切实维护国家粮油安全，提出到 2020 年，建成 800 个油茶、核桃、油用牡丹等木本油料重点县，建立一批标准化、集约化、规模化、产业化示范基地，木本油料种植面积从现有的 800 万公顷发展到 1 333 万公顷，产出木本食用油 150 万吨左右。

2. 国家林业局名优经济林示范项目

油用牡丹项目于 2013 年被列为国家名优经济林示范项目。国家林业局名优经济林等示范项目是指为了发挥林业部门行业技术优势，以高标准名优经济林示范基地建设为主线，重点扶持油茶、核桃、油用牡丹等木本油料生产示范基地，经国家农业综合开发办公室（以下简称国家农发办）批准，由国家林业局组织实施、地方农业综合开发机构（以下简称农发机构）参与管理的农业综合开发项目。扶持范围和重点：扶持油用牡丹示范基地建设，通过积极选育良种，配套相应丰产栽培技术，改善基本生产条件，建设高产、优质油用牡丹示范基地，每县扶持 1 个木本油料（或林下经济）品种。扶持政策：中央财政资金采取补助的方式，全部无偿投入。财政资金使用范围：项目所必需的基础设施建设及设备购置，包括温室大棚、工作室、土地平整、土壤改良、灌排系统、10 千伏以内输变电设施、田间道路、种苗补助、检验检测设备、标识牌建设等，以及技术推广、技术培训、新品种和新技术引进补助等费用。

（三）油用牡丹产业发展

我国油用牡丹的适种区域非常广，南起福建龙岩、广西桂林、云南昆明高海拔地区，北至辽宁沈阳、内蒙古呼和浩特、新疆乌鲁木齐一线，均可以正常开花结果。从 2012 年起，凤丹牡丹作为油用牡丹品种开始大面积种植推广，目前种植面积最大的省份是山东，据 2014 年菏泽市政府的统计数据，仅菏泽地区种植面积已达 2.33 万公顷，其他种植面积达到 0.33 万公顷以上规模的省份主要有河南、河北、四川、陕西、安徽等。据不完全统计，截至 2014 年底，全国 27 个省油用牡丹推广种植面积有近 9 万公顷，其中目前能形成稳定产量的面积尚不足 1 万公顷，集中在安徽亳州、山东菏泽，均为传统丹皮种植户转产牡丹籽，每年能产牡丹籽约 3 000 吨，其中约 1/2 都被全国各地油用牡丹种植单位收购用于繁苗。辽宁省沈阳、大连、朝阳、葫芦岛也已开始引进栽培油用牡丹，并取得了成功。

第二节 油用牡丹的发展前景分析

自 2011 年经过新资源食品评审专家委员会审核批准，牡丹油成为食品用油的新成员，这一植物油中的珍品，一问世即受到人们的普遍关注和好评，它既营养丰富，又有较好的医疗保健作用，被有关专家称为"世界上最好的油"，因此，发展油用牡丹前景广阔。

（一）油用牡丹适应范围广，容易形成大产业

据报道，我国有 25 个省（自治区、直辖市）都是油用牡丹栽培的适宜区，现已在我国山东、河南、甘肃、山西、陕西等多地种植，并形成了一定的产业规模。

（二）油用牡丹一年种植多年受益，经济效益显著

油用牡丹是多年生小灌木，可以几十年不换茬，产籽寿命相当长，一般为 30～40 年，有的甚至高达 60 年，这就意味着

节省了大量人力、物力和财力。油用牡丹前两年虽然没产量，但前两年可套种大豆等其他经济作物，经济效益基本上不受影响。第三年开始结籽，5～30 年为高产期，高产期一般每公顷可收牡丹籽 6 000 千克，此后几十年里产量一直会很稳定。按目前市场价格每千克 18 元计算，每公顷收入可达 10.8 万元。按 30 年为一生产周期，每公顷总投入 47.25 万元，26 年总收入 280.8 万元，周期纯收入 233.55 万元，每公顷年收入 7.785 万元（未计算前期间作及最后丹皮收入），是种植普通农作物的 2 倍多。

（三）油用牡丹籽出油率较高、营养丰富，牡丹油集食用和保健于一身

牡丹籽出油率高达 30％，为淡黄色透明液体，具有淡淡的牡丹花香味，牡丹籽油营养全面而丰富，富含脂肪酸、蛋白质、18 种氨基酸、多种微量元素和多种维生素。其中不饱和脂肪酸高达 92％以上，α-亚麻酸 42％、油酸为 24.18％、亚油酸为 20.35％，多项指标超过被称为"液体黄金"的橄榄油。不饱和脂肪酸是构成体内脂肪的一种人体必需的脂肪酸。牡丹油中的 α-亚麻酸具有预防糖尿病、防癌、防脑中风和心肌梗死，清理血中有害物质，提神健脑、增强记忆力、预防与治疗便秘、腹泻和胃肠道综合证等功效。含有的 DHA（二十二碳六烯酸）是人类大脑形成和智商开发的必需物质，它对大脑活动、视觉、脂肪代谢、胎儿生长及免疫功能和避免老年性痴呆都有很大益处。

（四）油用牡丹根是名贵药材

油用牡丹的根皮称为丹皮，丹皮味苦、辛，性微寒有清热凉血、散瘀、消炎收敛、归经祛斑之效，现代医学证明丹皮具有多种活性物质，对免疫、心血管血液中枢神经系统以及抗

炎、抗缺氧等方面有很好的药理作用。用丹皮水煎液治疗原始性高血压有良好的效果。

（五）油用牡丹花既能观赏又能美容养颜

油用牡丹特别是紫斑牡丹，花朵硕大，花色艳丽，气味芬芳，深为我国各族人民所喜爱，乃至世界各国人民的广泛欢迎。花中的一些提取物对大肠杆菌和绿脓杆菌都有一定的抑菌作用。牡丹花瓣可作牡丹花茶，牡丹花茶天然纯正，具有凉血、润肠、清热解毒、美容养颜、减缓色素沉淀等功效，是一种非常好的美容养颜茶，一经上市就受到广大女性的喜爱。

（六）油用牡丹叶茶具有补肾功效

牡丹叶中含有的皂苷具有补肾等功效。明朝的薛凤祥在《亳州牡丹史》中记载：亳州人春天剪牡丹芽，用泉水泡苦涩味后，晒干煮茶，香味特别清香。

（七）油用牡丹生态效果明显

油用牡丹是一种多年生小灌木，也是一种很好的生态树种，生态效果十分明显。一般栽后 2～3 年郁闭成林，具有增加植被盖度、绿化美化环境、保持水土、调节气候的作用。与其他乔灌木树种配套种植，能够迅速形成稳定的立体生态系统，在沙漠化地区治理和恢复生态的效果更为显著。

总之，油用牡丹是带动生态文化旅游产业的重要元素，是集生态效益、社会效益、经济效益于一体的经济作物。在适宜种植地区，大力发展油用牡丹，前景广阔。

主要参考文献

陈德忠，2003. 中国紫斑牡丹 [M]. 北京：金盾出版社.

成仿云，陈德忠，2014. 紫斑牡丹新品种选育及牡丹品种分类研究 [J]. 北京林业大学学报，2（49）：131-136.

成仿云，李嘉珏，陈德忠，等，2005. 中国紫斑牡丹 [M]. 北京：中国林业出版社.

郭先辉，2015. 牡丹新品种选育中的杂交育种应用研究 [J]. 北京农业，94.

韩晨静，孟庆华，陈雪梅，等，2015. 我国油用牡丹研究利用现状与产业发展对策 [J]. 山东农业科学，47（10）：125-132.

李萍，成仿云，2007. 牡丹组织培养技术的研究进展 [J]. 北方园艺（11）：102-106.

卢林，温红霞，王二强，等，2013. 杂交育种在牡丹新品种选育上的应用 [J]. 内蒙古农业科技，4（22）：188-189.

鲁丛平，杨彦伶，陈慧玲，等，2015. "凤丹"油用牡丹丰产栽培技术 [J]. 湖北林业科技，44（6）：83-84.

山昌林，陈士刚，张大伟，等，2015. 东北地区紫斑牡丹引种概况 [J]. 吉林林业科技，44（3）：38-40.

孙蓬毅，2014. 牡丹杂交育种及杂交一代遗传传多样性的研究 [D]. 泰安：山东农业大学.

唐豆豆，李厚华，张延龙，等，2016. "凤丹"牡丹组织培养研究 [J]. 西北林学院学报，31（2）：160-166.

杨振晶，褚鹏飞，张秀省，等，2015. 我国油用牡丹繁殖技术研究进展 [J]. 北方园艺（21）：201-204.

叶艳涛，李艳霞，2015. 油用牡丹"凤丹"播种育苗技术 [J]. 林业科技通讯（11）：36-37.

编后记

  牡丹在我国的栽培历史已长达 1 500 余年，随着科技的进步，牡丹的价值在不断发掘，研究牡丹的科技工作者越来越多，开发牡丹的企业也纷至沓来。沈阳金诚科技有限公司就是其中的耕耘者，公司从成立之日起就提出：以科技为先导，引领牡丹产业在东北健康、快速发展，把油用牡丹产业做大做强，真正使牡丹造福人类。

  沈阳金诚科技有限公司（http://www.syjcpj.com）的领导和全体员工，欢迎各位同行、种植户共商牡丹发展大计，共享牡丹研究新成果、新技术。

凤丹白

凤丹紫

巨荷三变

冰山雪莲

白碧蓝霞

瀚海冰心

粉　荷　　　　　　　　　　　　　　粉金玉

黄　河

光芒四射

灰　蝶

云　雀

蓝凤展翅

蓝　荷

兴高采烈

友　谊

牡丹果实

牡丹种子

牡丹出苗

牡丹育苗

牡丹露地覆膜育苗

牡丹露地覆膜放苗

1年生紫斑牡丹幼苗

紫斑牡丹露地育苗

1年生紫斑牡丹苗床

1年生牡丹露地育苗人工除草

牡丹移栽与越冬

牡丹起苗移栽

牡丹幼苗分级

牡丹栽植

钵栽凤丹

秸秆覆盖下牡丹越冬

越冬后牡丹

多年生牡丹移栽

利用地膜抑制牡丹园杂草滋生

①步骤1	②步骤2
③步骤3	

牡丹嫁接

嫁接牡丹苗

牡丹与豌豆间套作

牡丹与蚕豆间套作

牡丹与大豆间套作

牡丹与玉米间套作

牡丹与果树间套作

凤丹牡丹与紫斑牡丹形态对比

凤丹牡丹的花   紫斑牡丹的花

凤丹牡丹的叶片   紫斑牡丹的叶片

凤丹牡丹幼苗

紫斑牡丹幼苗

凤丹牡丹地膜覆盖育苗

凤丹牡丹出苗

1年生凤丹牡丹幼苗

凤丹牡丹露地苗

2年生凤丹牡丹苗

3年生凤丹牡丹

4年生凤丹牡丹

6年生凤丹牡丹

10年生凤丹牡丹

凤丹牡丹花

凤丹牡丹果实

凤丹牡丹种子

1年生紫斑牡丹幼苗

3年生紫斑牡丹

4年生紫斑牡丹

5年生紫斑牡丹

10年生紫斑牡丹

15年生紫斑牡丹

30年生紫斑牡丹

紫斑牡丹幼果

紫斑牡丹的成熟果实

紫斑牡丹果实裂荚

城市精品牡丹园

河堤绿化带

街道绿化带

农家小庭院

办公楼前后绿化带

住宅小区绿化

校园微型牡丹园

校园宿舍绿化带

丘陵地区梯田式种植

牡丹与观赏树木一起种植

牡丹与城市绿化带草地和谐共存

牡丹与公园绿化树和谐共存

寺庙景点（兰州市灵丹寺）